认识数学

DISCOVER MATHEMATICS

3

席南华
主编

科学出版社
北京

内 容 简 介

本书是《认识数学》系列数学科普书的第三卷，由 8 篇文章组成，前 7 篇文章的作者均是中国科学院数学与系统科学研究院的科研人员，最后一篇文章是翻译文章．文章的标题包括悖论、逻辑和不完全性定理，流体的奥秘——流体力学方程，寻找最优，压缩感知的数学原理，辗转相除法——算法的祖先，熵助我们理解混乱与无序，密码与数学，数学史：为什么，怎么看．文章选题的主要考虑因素是有趣、深刻和重要，原创文章写作力图引人入胜，译文力图信达雅．

本书的读者对象是大学生、受过高等教育的一般大众，部分内容感兴趣的中学生和读过高中的大众也是能读明白的，而且读后对数学会有新的认识．

图书在版编目(CIP)数据

认识数学. 3/席南华主编. —北京：科学出版社，2022.12

ISBN 978-7-03-074205-6

Ⅰ. ①认…　Ⅱ. ①席…　Ⅲ. ①数学–普及读物　Ⅳ. ①O1–49

中国版本图书馆 CIP 数据核字 (2022) 第 235827 号

责任编辑：李　欣　孙翠勤／责任校对：杜子昂

责任印制：霍　兵／封面设计：有道文化

科学出版社 出版

北京东黄城根北街 16 号

邮政编码：100717

http://www.sciencep.com

三河市春园印刷有限公司 印刷

科学出版社发行　各地新华书店经销

*

2022 年 12 月第　一　版　开本：720 × 1000　1/16

2023 年 12 月第三次印刷　印张：12 1/2

字数：168 000

定价：78.00 元

(如有印装质量问题，我社负责调换)

序

在信息时代, 数学发挥着日益重要的作用, 国家和社会对数学也是特别的重视. 在这样的背景下, 社会对数学科普的需求是巨大的. 中国科学院数学与系统科学研究院作为国家最高的数学与系统科学研究机构, 有责任参与数学的科普工作. 实际上, 在科普领域, 该研究机构有优良的传统, 华罗庚、吴文俊、王元、林群等人的科普作品广泛传播, 脍炙人口.

《认识数学》将是一个系列丛书. 本次出版该丛书的前三卷, 主要是我的一些同事写的科普文章. 这些文章都写得十分有趣, 可读性强, 富有数学内涵, 读后对认识数学、理解数学的思维、感受数学的无处不在和数学的威力等方面都会是很有益的. 这三卷书还包括李文林先生写的数学史方面的两篇文章, 以及韦伊 (A. Weil) 关于数学史的文章的译文. 也包括三篇本人的文章, 有两篇是以前已经发表了, 有一篇是专为本系列丛书而写的. 这些写文章的同事中有些认为写科普文章不是他们的工作, 有其他的人做此事, 我感到他们是瞎扯, 有那么点糊涂劲儿, 写完后他们都很喜欢自己的文章.

第一卷的主题有黎曼猜想——引无数英雄竞折腰, 三角往事, 凭声音能听出鼓的形状吗, 三体问题 —— 天体运动的数学一瞥, 图论就在我们身边, 孤立子背后的数学, 真的吗? 如何检验? 群体运动中的数学问题, 剑桥分析学派, 数学的意义等.

第二卷的主题有费马大定理, 朗兰兹纲领简介, 最速降线问题, 生活中的电磁和数学, 最短距离中的一些数学问题, 醉汉凌乱的脚步能否把他带回家? 自己能抗干扰的控制方法, 莫斯科数学学派, 基础数学的一些过去和现状等.

第三卷的主题有悖论、逻辑和不完全性定理, 流体的奥秘——流体力学方程, 寻找最优, 压缩感知的数学原理, 辗转相除法——算法的祖先, 熵助我们理解混乱与无序, 密码与数学, 数学史: 为什么, 怎么看等.

这些文章涉及的主题的多样性能让读者窥见数学的丰富和引人入胜.

第一卷到第三卷共有三篇数学史方面的文章, 其中两篇的主题分别是莫斯科数学学派和剑桥分析学派. 这两个学派的兴起与发展的过程对我们都有很多的启示. 前者是在落后的局面发展起来的, 后者是曾经兴旺, 由于保守僵化而落后, 然后再兴起的.

韦伊关于数学史的文章对数学史的价值有自己独到深刻的观点, 其深邃流畅的思维让人赞叹, 这是一篇很有影响的数学史文章.

在阅读本书的过程中, 有些地方可能需要读者做一些思考, 从而对相关的内容能有更好的理解. 书中的文章都是可以多读几遍的, 那样会有更深的理解.

读者也可能对某些地方的符号和细节不太明白, 但不必在意那些不太明白的内容, 因为忽略这些仍可以继续阅读, 并从中受益.

刚开始挑着看一些段落或内容阅读也是一个可以采用的阅读方式, 应该也会被内容触动而有所思考, 提升认识等.

十分感谢巩馥洲研究员在本书的组稿过程中给予的帮助. 特别感谢刘伟冬先生的团队为本书设计了意蕴丰富让人心动的封面, 这个封面似乎要把人带到神奇的数学世界.

席南华

2022 年 9 月 30 日于中关村

目 录

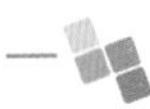

1 悖论、逻辑与不完全性定理

吴刘臻

在当代社会, 逻辑是一门重要的学科, 它帮助我们建立和理解事物之间的联系, 判断事物的真假. 我们的日常生活经常用到逻辑, 如说话的前后逻辑、手机里面的软硬件、各类形势分析、卫星的运行等等. 不过一般人并不会多想逻辑本身. 其实, 逻辑本身是很专门的学问, 内涵十分丰富. 伴随逻辑的还有很多让人吃惊的悖论, 以及让人沮丧的不完全性定理. 对于认识逻辑的本质, 推动逻辑的发展, 它们发挥了不可替代的重要作用, 也让我们知道逻辑是有很多局限的.

数学是一门逻辑严密的学科, 学习数学十分有助于逻辑思维的训练. 另一方面, 数学中也有专门的分支研究逻辑, 称为数理逻辑. 在这篇文章中, 我们从悖论讲起, 谈一谈逻辑是一门什么样的学问, 谈一谈它是如何排除矛盾, 解决日常生活中的需求的. 我们也着重谈一谈数学中的逻辑是如何帮助数学严格化, 避开数学危机的. 我们最后也介绍不完全性定理, 说明在数学世界中总是存在一些不可捉摸的命题, 正如遁去的一, 等待着我们去追寻和开发.

1.1 初识悖论

请注意, 这一节中的第一句话是假的. 作为读者的你是否感觉到有些奇怪? 仔细想想. 如果第一句话是真的, 那么按它的说法, 这第一句话就是假话; 而如果它是假的, 那么 “这句话是假的” 是假的, 所以这句话是真话. 无论是哪种情况都不可能. 人们把这种奇怪的语句或者讨论叫做悖论, 顾名思义, 也就是自相矛盾的语句或者是命题. 我们在这里所说的例子就是经典的说谎者悖论, 这是一个从古希腊时期就已经广为人知, 有着悠久历史和讨论的有趣命题, 有着各种各样的变种. 很多著名的逻辑学家和哲学家都为这个悖论的解决花费了很大的力气. 围绕着这个悖论, 直到现在都还有很活跃的讨论和研究.

在我们的日常生活中, 悖论其实并不罕见. 我们先来介绍几个耳熟能详的悖论. 不小心的话, 人们很容易会落入这样的两难境地中.

1.1.1 白马非马

中国古代, 人们已经以各种方式讨论了悖论. 一个经典的例子是白马非马, 这是战国时期《公孙龙子 · 白马论》中的一个著名的诡辩. 大略而言, 在与人的辩论中, 为了驳倒众人关于白色的马是马的论断, 公孙龙声明 “白马非马”, 并列举了多个理由. 其中一个理由说, “马者, 所以命形也; 白者, 所以命色也. 命色者非命形也. 故曰: 白马非马. ” 翻译成当代汉语, 也就是说马这个字描述的是一个物体的形状, 而白这个字描述的是一种颜色, 描述颜色和描述形状的词语是不一样的, 所以白马不是马. 也就是说马、白、白马三者是形容不同的事物, 所以白马非马. 公孙龙还列举了许多其他类似的诡辩, 这些诡辩都是在说明白马和马是两个不同的概念.

1.1.2 理查德悖论

让我们考察下述由数字组成的集合,

$$\{\text{能被四十个以内汉字描述的数字}\}.$$

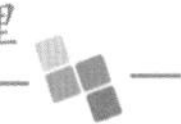

这个简单的句子是一个悖论. 现在我们知道汉字的总数是有限的, 那么四十个以内的汉字组成的序列当然也是有限多个, 那么能被四十个以内汉字描述的数字还是有限多个. 所以, 我们一定能找到一个最小的不能被四十个以内汉字描述的数字. 好了, 现在考虑 "最小的不能被四十个汉字描述的数字". 这个数在我们刚才所说的那个数字集合里吗? 如果在, 那么这个数就能用四十个以内汉字描述, 那它自然不是 "最小的不能被四十个汉字描述的数字". 如果不在, 那么 "最小的不能被四十个汉字描述的数字" 是一个只用了十六个汉字的描述, 那么它当然在我们开始取的那个集合里. 总而言之, 不管是哪种情况都有矛盾.

1.1.3 芝诺悖论

芝诺是和苏格拉底同时代的一位古希腊哲学家, 他曾经写过一本描述悖论的著作. 虽然随着时光流逝, 这本书已经不再可考, 但是他提出的几个经典悖论被亚里士多德等人记录了下来. 其中一个著名的例子是阿喀琉斯追乌龟悖论. 阿喀琉斯是当时一名善于奔跑的英雄. 他要与乌龟一起赛跑. 现在知道他的速度是乌龟的十倍, 起跑时乌龟在他前面 100 米. 下面我们说明他一定不可能追上乌龟. 因为, 当他追上 100 米时, 乌龟已经又向前爬了 10 米. 而当他又追上 10 米时, 乌龟又已经向前爬了 1 米. 依此类推, 他就永远也追不上乌龟. 然而, 从常识上看阿喀琉斯很快就能追上乌龟.

关于运动, 芝诺还提出了好几个类似的悖论, 比如飞矢不动悖论, 想象在天空中飞过的箭矢, 如果我们把时间看作所有时刻的组合, 那么每个时刻, 箭矢都是呆在一个固定位置不动的, 那么把所有时刻组合在一起, 箭矢也是时时刻刻保持不动的, 所以箭矢就应该是不动的. 这当然也是不可能的.

1.1.4 罗素悖论

罗素是 20 世纪英国著名的数学家和哲学家. 1901 年, 罗素发现了一个陈述上十分简明的悖论, 这个悖论是一个非常直观的数学命题, 以至于许多人开始怀疑数学中是不是到处存在这样的矛盾, 从而对数学是否是一门严格的学科产生了根本性的怀疑. 这就是第三次数学危机的由来.

我们先来看看罗素自己提出的一个通俗版本, 也就是理发师悖论. 想象一下, 一个小镇里有一个理发师, 他遵守一个很奇怪的守则, 就是只给不给自己理发的人理发. 那么, 他是否应该给自己理发呢, 如果是, 那么他就成了给自己理发的人, 那他就不应该给自己理发. 反过来, 如果他不给自己理发, 那他就成为不给自己理发的人. 这两者都不可能.

我们用现在常用的数学语言来描述罗素悖论. 罗素悖论谈论的是数学中一个非常直观的对象, 集合. 一个集合当然是满足某些要求的东西放在一起所得到的产物. 比如水果集合就是把所有水果收集在一起得到的集合. 集合上最自然的关系是属于关系. 比如, 桃子是属于水果集合的.

罗素考虑下面这样一个集合, 它的元素是那些不属于自己的集合, 即

$$A=\{\text{所有不属于自己的集合}\}.$$

由我们之前对集合的定义, A 是一个集合. 现在如果 A 属于 A, 则 A 是不属于自己的集合, 那么 A 就不属于 A. 反之如果 A 不属于 A, 则 A 是不属于自己的集合, 那么根据 A 的定义, A 属于 A. 这两者都会得到矛盾.

1.2 关于悖论的一些思考

在日常生活中, 我们往往会碰到一些似是而非的描述、论断或者是悖论, 从而难以在纷繁杂乱的世界中鉴别真伪, 并执行正确的判断和决策. 如何才能避免这些悖论在现代科技和人们的生活中是非常重要的. 从我们前面描述的几个悖论中, 我们可以看到如果想要解决悖论, 有几个基本要素是不可缺少的.

1.2.1 准确地描述事物

在白马非马这个诡辩里, 公孙龙用种种诡辩说明“白马非马”, 他的诡辩建立在对非的词义的混淆上, 公孙龙所指的非意为白马不等同于马, 而对方所指的非意为白马不属于马. 而在汉语中, “属于”和“等同于”都可以用“是”表示, 不属于和不等同于都可以用“非”表示. 在这里“是”和“非”就不是一个足够准确的描述. 同一句话有两种不同的解释, 那么公孙龙和他的辩友自然是鸡同鸭讲, 牛头不对马嘴了.

类似的问题也出现在理查德悖论中. 在理查德悖论的陈述中, “可描述”是一个没有明确解释的概念. 事实上, 如果我们一个一个写出数字, 然后问, 这个数字是“可描述”的吗, 那么没有一个明确的规则告诉我们答案.

1.2.2 排除错误的假设

更进一步的思考告诉我们, 悖论产生的关键原因是我们引入了隐藏的错误假设. 在罗素的理发师悖论里, 一个隐藏的假设就是村子里有这么一位只给不给自己理发的人理发的理发师. 如果没有这样的理发师, 那当然就不会有矛盾了. 事实上, 这也是当代数学处理罗素悖论的方式, 罗素所定义的由所有不属于自己的集合组成的“集合”现在被明确排除为集合.

在理查德悖论和说谎者悖论中, 也有这样一个隐藏的假设, 那就是“可描述”和“句子的真假”是可以在我们的语言中表述的. 乍一看, 这是一个很不可思议的现象, 用语言可以描述句子的真假竟然是一个错误的假设? 在数学中, 我们应该这么理解, 不存在这样一个叫做真假判定的标准论证, 输入一句话就能套用这个模板判定这句话的真假.

当然, 在说谎者悖论中, 还有一个隐藏的假设, 那就是每句话要么是对的, 要么是错的. 这个假设在逻辑和数学中叫做排中律, 事实上, 在一些非经典的逻辑和数学中, 我们是可以假设排中律不正确的. 这也能解决特定情况下的说谎者悖论. 在这篇文章里, 我们就不讨论这一问题了.

1.2.3 进行严格的推理

在阿喀琉斯追乌龟悖论中, 芝诺举出的论证说明阿喀琉斯追乌龟是一个无穷的过程, 如果他每秒是 10 米, 乌龟每秒是 1 米, 那么他跑第一段 100 米用了 10 秒, 然后他需要又跑第二段 10 米用了 1 秒, 接着他跑第三段 1 米用了 0.1 秒, 依次类推. 这是没有问题的, 但是芝诺避而不谈的问题是, 这些时间片段虽然是无穷个, 但是加起来却是有限的. 这里的论证建立在严格的数学假设和逻辑推理上. 正是芝诺似是而非的不严格推理导出了自相矛盾.

综上所述, 从现在的观点来看, 上面这些悖论都是在某种角度上可以成功避开的. 在日常生活中, 准确描述概念和判断真实性并不是一件容易的事情. 当今社会我们能接触到形形色色的信息来源, 其中很多是互相冲突和矛盾的, 我们很难正确理解信息的内容, 辨别它们的真伪以及对这些信息进行分析推理来指导我们的行动. 在采用逻辑作为我们准确描述世界、判定和推理真假的工具以后, 在现代科学技术中, 我们已经不会再碰到这些悖论了.

1.3 粗谈逻辑

逻辑一词源于英文 “logic”, 其最早可以追溯至古希腊时代的希腊语即 “logike”. 在希腊语中, 逻辑的字面上意为所言之物, 后来也被引申为思想或理性. 现代逻辑学主要研究的是如何刻画真实和如何以形式系统来推导真实. 逻辑一词虽然是舶来语, 但逻辑学的思想和传统在世界各地, 特别是在古代中国早已扎根生长. 早在先秦墨家的经典《墨经》中就论述了当时墨家学派对 “名”“辞”“说” 等等的探讨, 这里的 “名”“辞”“说” 可以分别类比为概念、命题和推理. 在当代社会中, 逻辑学已深入到我们日常生活的方方面面, 大到精密的航空航天设备, 小到我们日常使用的手机, 都离不开逻辑的使用.

正如我们在上一节所讨论的那样, 从古希腊时期开始, 逻辑主要想

要探讨解决的问题有两个. 第一, 提供一个准确表达事物内涵、判断命题真假的语言体系. 在这个语言体系中, 如果我们描述一个事物、概念或者命题的判断, 那么所有这一语言的使用者都应该会具有相同的理解和认知. 第二, 提供一个演绎推理体系. 在一个演绎推理体系中, 从一些人们已知的事实出发, 我们能够通过推理得到一些还未曾了解的事实. 一个有意义的推理体系保证了我们不会推理得出互相矛盾的结果, 也不会从事实出发得到谬误. 当然值得一提的是, 逻辑本身只是一个工具, 逻辑只能帮助我们准确地表达概念和命题, 并对其进行推理, 而命题的真假本身并不是依赖于逻辑的.

下面我们主要谈谈数学中的逻辑, 也就是数理逻辑. 数学和逻辑的联系十分紧密, 在古希腊时代, 它们都属于同一门学科, 即对世界本质的研究和探讨. 现代逻辑在 19 世纪以后发展的最初推动力就是数学, 数学也是支撑逻辑学发展的基础. 另一方面, 当代数学可以看作建立在数理逻辑基础上的一座大厦, 数理逻辑本身也是数学中的一门十分活跃的数学分支.

1.3.1 语言——事物的准确描述

我们先从第一个问题出发. 众所周知, 我们所使用的日常语言难以精确地表达信息. 比如下面的句子: 两个研究所的老师参加了学术会议. 在没有上下文的时候, 该句子是有歧义的. 我们没法判断句子中的“两个”描述的是研究所还是老师. 这样的日常语言也被称为自然语言, 在日常使用和学术研究中, 我们会使用不同的方式来分析处理自然语言, 在此我们不加以赘述. 基于这一原因, 逻辑学家使用专门设计的语言来代替自然语言. 现在通用的做法是使用我们称为符号化的方法, 这一方法由德国逻辑学家弗雷格首先系统性地实现, 弗雷格也由此被称为现代数理逻辑之父.

我们今天所使用的符号系统很大程度上是由布尔所创立的. 这一语言的基础组成部分是符号, 或者称为字母. 基本字母表中有三类符号, 第一类是命题符号, 用来表示一个真假值的判断; 第二类是逻辑联结词, 常见的逻辑联结词有 $\vee$(或者)、$\wedge$(并且)、$\neg$(否定)、$\rightarrow$(蕴含), 根据具体需要还可以加以添加. 最后一类是括号, 括号的作用是用来保证可读性和无歧义性.

拥有字母表以后, 我们可以把符号按一定的规则连接起来得到表达式, 即能够表示真假值判断的字符串. 首先, 命题符号本身是表达式. 进一步的规则要求, 若干个表达式在逻辑词下的连接仍然还是表达式. 比如下面的表达式 $\neg P \wedge \neg Q$, 它表述的真假值判断是 "P 的否定和 Q 的否定同时成立" 的真假值. 依此类推.

上面我们所构造的语言被称为命题逻辑的语言, 利用这一语言, 我们可以从基本命题出发, 通过逻辑联结词来构造更复杂的判断. 比如上面的 $\neg P \wedge \neg Q$, 如果我们把 P 看作 "正在下雨" 的判断, Q 看作 "正在出太阳" 的判断, 那么 $\neg P \wedge \neg Q$ 就是 "既没在下雨, 也没在出太阳" 的判断. 通过这种方式, 我们可以没有歧义地理解任何一个表达式的含义.

而在数学中, 我们使用稍微扩大一点的语言, 也就是一阶逻辑语言. 利用这个语言, 我们可以写出数学书上的所有句子. 比如句子

$$\forall x((x = 0) \vee \exists y(y \times x = 1)).$$

该句子描述的是对所有 x, 或者 $x = 0$, 或者有个 y 满足 $y \times x = 1$, 即非 0 元在乘法下左可逆.

历史上一阶逻辑语言成为数理逻辑语言是由罗素、希尔伯特、哥德尔等逻辑学家经由一系列的工作奠定的. 而在某些数学分支中, 我们也会使用其他逻辑来表达数学结构中的命题, 在此我们不加以详述.

1.3.2 推理演绎系统——进行严格的推理

现在我们来探讨第二个问题, 也就是建立一个演绎推理系统. 通过一个合理的演绎系统, 我们能够从已知的事实出发, 通过推理来得到新的事实. 确切地说, 在符号系统中, 我们能写出许多表达式, 在这些表达

式中, 我们希望说清楚哪些表达式是真的, 哪些表达式是假的. 通常而言, 我们会事先指定一些我们认为是真的表达式, 然后从这些表达式出发, 用一个事先指定的演绎推理系统把所有逻辑上的推论都列举出来, 这就告诉我们哪些表达式是可以被推理出来是真的, 哪些表达式是假的. 当然我们也希望一个表达式不能同时既为真, 又为假.

推理系统有两个基本的要求, 首先是不能由事实推导得出谬误. 比如说, 从 “如果今天下雨, 则我要带伞” 推理得出 “如果我要带伞, 则今天下雨” 是一个错误的推理. 其次, 推理规则应该能够保证人们所认为的恒真命题总是正确的. 比如说, 如果 “2022 年共有 365 天” 是正确的, “2022 年不是闰年” 也是正确的, 那么 “2022 年共有 365 天且不是闰年” 也理应是正确的. 在这里, 我们说的恒真式指的是那些在任何情况都为真的表达式.

在数学上, 我们使用得最多的推理演绎系统是希尔伯特式演绎系统, 这个系统非常简单, 它由两部分组成. 首先, 是一个由若干恒真式组成的表达式集合, 这个集合被称为这一系统的逻辑公理集合, 其次, 希尔伯特系统指定了若干条推理规则, 比如肯定前件规则: 如果 P 和 $P \to Q$ 都是真的, 那么 Q 也是真的.

在希尔伯特系统中, 我们使用推理序列来推理出一个指定的表达式为真. 记我们的公理集合为 Γ, 我们所关心的表达式为 ψ. 一个从 Γ 到 ψ 的推理序列是由有限条表达式排列而成的序列, 其中序列的最后一项是 ψ, 并且序列中的每一项 φ, 要么 φ 在 Γ 中, 要么 φ 由序列中排列在它之前的表达式经由推理规则得到. 具体而言, 如果我们使用的是肯定前件规则, 那么在之前的序列中就会出现形如 $\phi \to \varphi$ 和 ϕ 的表达式, 这样 φ 就由肯定前件规则得到. 很容易看出, 推理序列的概念就是数学中证明的概念.

从一个好的逻辑公理集合出发进行推理, 我们能恰好得到所有的恒真式. 在这个时候, 我们称这个符号逻辑系统是一个完全的系统, 即它恰好模拟了人们对何谓真实的认知, 不多也不少. 在建立了一阶逻辑系统以后, 希尔伯特、贝纳斯等人提出了一阶逻辑是否完全的问题. 哥德尔在他的博士论文中肯定回答了这一问题, 证明了一阶逻辑系统的完全性, 这也是哥德尔的成名之作.

总结一下, 逻辑是这样的一个工具, 它给予了一个可以准确描述事物的语言体系, 并给出了一个没有矛盾的推理系统. 现在为了避免矛盾, 我们只需要不做错误的假设就可以了.

1.4 希尔伯特纲领——完美的数学世界

罗素悖论告诉我们, 不存在一个由所有不属于自己的集合组成的集合. 所以在数学中, 我们必须做出这样一个正确假设, 即不存在这样的集合, 如此就能解决罗素悖论. 那么, 我们是不是可以完全给出一个合理的、没有矛盾的假设体系来描述所有的数学呢？我们将这样的假设体系称为数学的公理化体系. 这也延续了古希腊时期欧几里得关于几何的公理化描述.

19 世纪末到 20 世纪初, 德国数学家希尔伯特在数学的基础理论中做出了大量奠基性的工作, 并提出了希尔伯特纲领. 这一纲领的目标是彻底给出一个数学体系的公理化描述, 使得数学本身能够被证明是无矛盾的.

具体而言, 这一纲领分为几步, 首先, 希尔伯特认为所有的有限数字和它们的四则运算都是直观上可信的, 所以能够取出自然数这一部分的运算规则作为所有数学的基础. 第二, 可以将前面所说的一阶逻辑的语法完全用数字实现出来, 这一点就是当代计算机程序的原理, 所有的算法最终都可以用 0 和 1, 即电流的强弱表现出来. 第三, 将所有的数学结构全部公理化, 从而就能把数学看作自然数上的运算. 最后, 证明这个系统内部是绝对不会有矛盾的.

如果这一设想可以成立, 那么我们就可以认为有一个完美的数学世界, 它完全由符号构成, 所有的运算都是直观上理所当然的, 数学家可

以自由自在地在里面寻找推理新的数学知识, 而不用担心是否会遇上矛盾. 这样, 从此以后就再也不会有数学危机的产生了.

在之前的 19 世纪末, 包括庞加莱和希尔伯特在内的数学家在 19 世纪分析学的发展的基础上做出了大量工作, 他们认为几何学和分析学的基础已经完全确立, 即阐明了这些数学对象是什么, 什么样的数学推理是被允许的. 所以在当时来看, 一个没有矛盾的数学体系的建立已经是水到渠成的事. 事实上, 希尔伯特等人的工作已经完全解决了前面三步, 只差证明这个体系是没有矛盾的, 可谓是万事俱备只欠东风.

1.5 独立性——数学世界的不可确定性

然而, 哥德尔的第二不完全性定理彻底打破了希尔伯特的设想, 更进一步地说明, 任何希望使用有限自然数上的算术结构来构造无矛盾的数学世界的尝试都是不可能成功的.

我们用通俗的语言来描述一下哥德尔的奇妙工作, 这里要用到一阶逻辑的语法和自然数算术结构, 即有限数字和这些数字之间的加法和乘法法则.

在希尔伯特纲领中, 所有一阶逻辑的语法都被看作自然数和自然数之间的运算. 虽然我们没有办法写出一个公理体系完全表示出自然数算术结构, 但希尔伯特认为, 我们并不需要自然数上所有的运算规律, 只需要其中的一部分即可. 这部分公理现在被记作 PRA, 原始递归算术. 希尔伯特能够在 PRA 中表示一阶逻辑的全部语法功能. PRA 能表示什么是表达式, 什么是推理序列, 什么是定理. 最为神奇的是, PRA 能表示一个公理集合是没有矛盾的. 换句话说, 对取定的公理集合 Γ, PRA 能表示, 不存在一个可以从 Γ 推导出 $\psi \wedge \neg\psi$ 的推理序列, 我们也把这样一个表达式记为 $Con(\Gamma)$. 如果将 Γ 取为 PRA 的表示集合, 那么希尔伯特纲领的最后一步就是在 PRA 中证明 $Con(\text{PRA})$. 然而, 哥德尔成功地证明了下面的定理:

定理 (哥德尔第二不完全性定理) 对所有包含足够多基本算术命题的公理系统 F, 如果 F 自身没有矛盾, 则 F 一定不能证明 $Con(F)$.

哥德尔的证明使用了一种现在被称为“自引用的技巧”, 这一技巧与罗素悖论原理类似. 因为 PRA 包含足够多的基本算术命题, 所以上面的定理也适用于 PRA. 也就是说, 我们只能在下面两种情况中选择一种, 要么算术理论 PRA 自身已经有矛盾, 要么其无矛盾性永远也得不到证明. 这就说明, 希尔伯特纲领的最后一步是注定不能成功的.

哥德尔的证明也揭示了数学中的一个现象, 我们现在能够说明一些命题是证明不出来的. 如果一个命题或者其否定在某个公理系统中都是证明不出来的, 那么我们说它们是独立于这一公理系统的. 哥德尔的定理也表明, 不论我们选取多么复杂的公理系统, 只要这一系统包含 PRA 并且自身没有矛盾, 那么一定会有一些语句是这一公理系统不能判定真伪的. 这样, 希尔伯特理想中的数学世界就是不可能实现的.

1.6 无穷——数学基础的最后一块拼图

虽然我们不能够实现希尔伯特纲领, 但是该纲领仍然为当代数学基础理论的发展奠定了根基. 除了最后一步, 不再要求能选定一个能判断所有数学命题的、无矛盾的数学公理体系, 当前通用的数学基础理论都是按照希尔伯特纲领的前几步进行的. 而这其中, 我们必须处理的一个概念就是无穷, 这也是希尔伯特纲领不能完全成功的罪魁祸首.

无穷的概念早在几千年前就已经被人类所认知, 老子的《道德经》中就已有“一生二、二生三、三生万物”的说法,《庄子》中也提到“一尺之棰, 日取其半, 万世不竭”. 这些都说明古人已经认知道数字的增长是没有尽头的, 从而拥有了无穷的初步概念. 当然, 从现在的观点来看, 这样的无穷属于潜无穷概念, 也就是说认知到有无穷多个数学对象, 但不认为有一个叫做无穷的数学对象存在.

直到发现无理数以后, 人们认识到实无穷对象存在的必要性. 在古

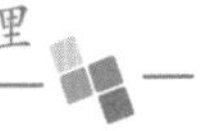

希腊时代, 人们最初认为所有数都一定是由通过有限步几何操作得到的. 比如把一条线段当作数字 1 的话, 那么两条这样的线段连在一起就得到 2, 而把一条线段平分就得到 $\frac{1}{2}$. 事实上, 通过这种方式, 人们可以认知到所有的有理数. 毕达哥拉斯学派还进一步提出了“万物皆数”的信条. 直到无理数被发现以后, 人们才认识到, 无理数是不能够通过对自然数进行有限次算术运算得到的, 或者说, 任何一个无理数都不是人们认知中的有限对象.

回到之前的阿喀琉斯追乌龟悖论. 以我们现在的观点来看, 芝诺的问题在于没有成功说明无穷个数的和到底是多少. 或者说, 当时的学者并不知道怎么描述无穷个数相加这一概念. 而在现代数学中, 这就是一个无穷级数的求和, 是实实在在的无穷数学对象.

潜无穷和实无穷的讨论在古希腊时代就已经比较完善. 亚里士多德详尽地分析了两者的关系, 潜无穷和实无穷也是由亚里士多德命名的. 在 19 世纪分析的基础理论建立以后, 人们已经在证明中自由地使用无穷概念.

在这一过程中, 康托尔发现无穷并不是一个单一的概念, 他证明了自然数集和实数集虽然都是无穷集合, 但是这两个无穷是不一样大的. 确切地说, 如果两个集合的元素可以一一对应起来, 那么我们就认为这两个集合的大小一样. 以自然数和全体偶数为例, 我们可以把每个自然数对应成它的两倍, 这样, 自然数就和偶数一一对应起来. 但是, 不存在自然数集合与无限不循环小数所构成集合的一一对应. 也就是说, 自然数和无限不循环小数不是一样多的.

在这一发现的基础上, 康托尔认识到为了处理无穷这一概念, 必须详细地研究集合之间的关系. 在这一工作的基础上, 罗素在集合论上建立了当时所有已知的数学结构, 成功地把所有数学对象和数学结构都翻译为集合. 也就是说, 只要集合的公理体系没有矛盾, 那么数学就没有矛盾. 当然, 罗素也是从这里发现了罗素悖论, 从而导致了我们前面所说的数理逻辑和数学基础理论的大发展.

在拥有了一阶逻辑体系的前提下, 策梅洛、冯・诺依曼等人选定了一族集合论公理以避开罗素悖论, 几经拓展之后, 数理逻辑学家得到了公理集合论系统 ZFC, 并在这一系统上描述了当代所有数学结构. 当代数学的基础就是以一阶逻辑作为符号化系统, 以 ZFC 为基础公理集合的一个体系. 这为数学工作者提供了一个很友好的工作环境——我们已经避免了所有的悖论. 当然, 正如我们之前所说的一样, 哥德尔的工作说明了我们永远也达不到完美, 总是有未知的矛盾可能在等待着我们, 这也是数学的魅力所在.

1.7 结束语

从古到今, 对真理的追求伴随着人类的发展, 求真求实, 是人类永恒的信条. 逻辑是人类数千年来总结出的一套刻画真理、探求真理的有效工具. 正如我们在前面的章节中所阐明的, 逻辑学帮助我们理清什么是真实以及用准确无歧义的方式表达真实, 同时也提供了从已知的知识出发, 推导出新的知识的方法. 运用逻辑工具和做出合理的基本假设以后, 我们就能得到一个没有自相矛盾的体系, 也避免了悖论的产生. 从基本的电路到人工智能的算法, 从交通信号灯到飞机的航路控制, 人们日常享受的许多现代科技产物都离不开基本的逻辑体系.

在数学世界中, 逻辑学同样起到了厘清真实性概念和建立数学推理体系的作用. 数理逻辑也成为当代数学通用的基础理论. 同时从数理逻辑学中孕育发展而出的集合论、模型论等现在也已成为数学研究中的基本工具. 当然, 正如哥德尔不完全性定理所表述的那样, 我们没有办法证明现在的数学体系没有矛盾. 如果有一天我们发现了新的矛盾, 那么正如前面几次数学危机一样, 数学和逻辑一定能在矛盾的解决过程中继续发展.

参考文献

有兴趣进一步阅读的读者可以参考下面的一个书单.

首先是一些通俗读物:

逻辑的引擎: (马丁 · 戴维斯) 介绍了 19 世纪以来现代符号逻辑的发展历史.

逻辑之旅: 从哥德尔到哲学 (王浩) 介绍了作者所了解的哥德尔的点滴.

悖论的消解: (文兰) 文兰院士所著的关于一些著名悖论的介绍以及对悖论消解的一些思考.

基本逻辑学: (冯琦) 一本细致地介绍如何从基本的逻辑学原理出发建立数学和现实世界中规则的著作.

数学思维导论: (基思 · 德夫林) 描述如何以逻辑进行数学思维的科普读物.

下面是基本逻辑学的两本教材:

简明逻辑学: (格雷厄姆 · 普里斯特) 这本精练的小书从日常生活出发, 介绍了逻辑的基本思想和应用.

逻辑学导论: (欧文 · 科匹、卡尔 · 科恩) 通用的一般逻辑学教材.

以下两本书是两本国内大学数理逻辑课程通用的教材.

数理逻辑导引 (冯琦).

数理逻辑: 证明及其限度 (郝兆宽、杨睿之、杨跃).

数理逻辑 *A Mathematical Introduction to Logic* (Herbert B.Enderton): 一本国际上通用的数理逻辑教材.

2 流体的奥秘——流体力学方程

黄祥娣

波涛汹涌的海洋, 千变万化的气候, 背后都受着流体的运动规律支配. 在流体的基本物理原理清楚后, 对流体的研究很大程度上就是数学的研究, 更确切地说, 就是对流体力学方程的研究.

在微积分和牛顿力学诞生以前, 人们无法对流体的运动规律进行深入的研究, 此前最著名的结果可能就是阿基米德的浮力定律. 此后, 关于流体的认识不断深入, 先是有伯努利定理, 然后是欧拉方程, 集大成的是纳维–斯托克斯 (Navier-Stokes) 方程.

纳维–斯托克斯方程在理论和实际应用上都是极其重要的. 航空发动机的研制离不开这个方程, 天气预报本质上就是用数值方法求解这个方程, 海洋流动规律的研究也由该方程主导. 从 20 世纪 40 年代开始, 标题中含纳维–斯托克斯方程的已发表的数学论文已经逾万篇, 过去十年, 每一年至少有四百篇发表的数学论文的标题含有纳维–斯托克斯方程. 这个方程的重要性由此可见一斑. 不可压缩的纳维–斯托克斯方程是否有整体光滑解是著名的七个千禧年问题之一, 难倒了所有的数学家.

2.1 伯努利定理

首先在流体研究取得重大突破的是 18 世纪的数学家丹尼尔・伯努利. 在十七八世纪的欧洲, 来自瑞士的伯努利家族盛产数学家. 伯努利家族三代人有八位数学家, 其中以雅各布・伯努利、约翰・伯努利和丹尼尔・伯努利三人的成就最大.

1738 年, 丹尼尔・伯努利在斯特拉斯堡出版了《流体动力学》一书, 奠定了流体力学的基础. 在书中, 伯努利提出了理想流体的能量守恒定律, 即在一个流管中, 单位重量液体的位置势能、压力势能和动能的总和保持恒定. 这就是著名的 “伯努利定理”.

伯努利虽然提出了伯努利定理, 但是并没有给出定理具体的方程形式. 他的好友——数学巨人欧拉在 1752 年用数学公式表述出这个定理: 在一个流体管道中,

$$\frac{1}{2}\rho v^2+\rho gh+p=\text{常数},$$

这里 ρ 是流体的密度, v 是流体的速度, g 是重力常数, h 是流管横截面厚度, p 是流体的压力, 如图 1 所示: 流体在流经不同粗细的管道时的速度、压力和管道界面厚度不同, 但是均满足上述等式.

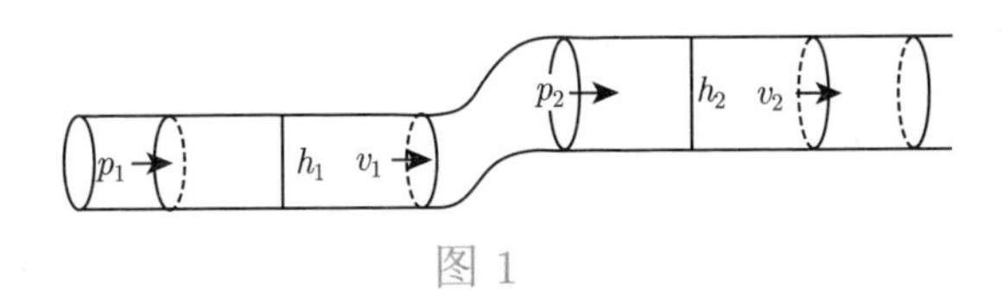

图 1

伯努利定理是流体动力学基本方程之一. 它的适用范围是无摩擦力的理想流体, 或者在近似忽略黏性损失的不可压缩流体的运动. 在这样的流体内部, 流线上任意两点的压力势能、动能与位势能之和保持不变.

从方程可以看出, 对这样的流体管道, 如果流体的速度 v 变大, 那么流体的压力就会变小; 反之如果速度 v 变小, 压力就会变大. 这个结论可以解释很多生活中的现象.

我们都有在站台等火车的经历. 当列车即将进站时, 乘客被要求站在安全线之外, 这就是伯努利定理的一个应用. 这是因为飞速前进的火车所带动的气流与排队等候的人群形成一个气流系统. 人距离火车越近, 根据伯努利定理, 系统内的空气流速就越大, 此时火车与人之间的压力就越小. 但是人另一侧的压力是恒定的, 前后两股压力形成的压力差很容易把人推向火车一侧导致重大的安全事故. 如图 2 所示, 人与火车之间形成的管道压力、流体速度和距离分别为 p, v, h. 于是 h 小时, 根据伯努利定理则 v 大, 火车与人之间的压力 $p_{内}$ 就越小, 从而 $p_{外} > p_{内}$ 把人推向火车.

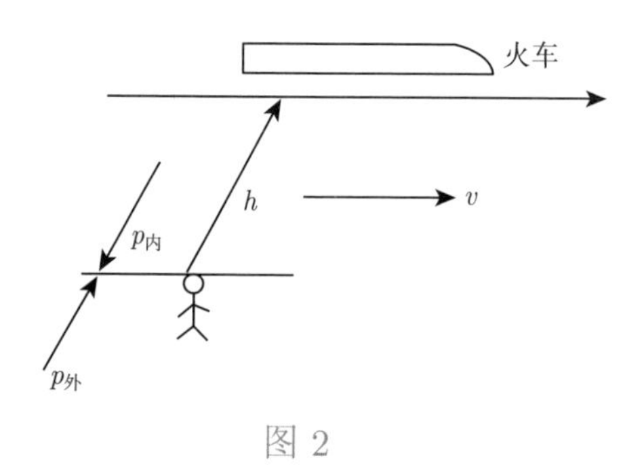

图 2

类似地, 在河流或海洋上两艘船如果并排前进, 相隔较近的话, 容易发生碰撞. 这是因为两船之间的水就相当于在一个狭窄的通道里流动. 根据伯努利定理, 此时流速就会加快, 水的压强就会减少. 因此两船的内侧受到的压强比外侧小. 这个内外压强差使得两船逐渐靠近. 而愈是靠近, 内外压强差愈大, 最后很容易导致两船相撞.

在海洋航行中, 人类历史上出现过多次船只相撞的悲剧事故, 其中一部分是天灾人祸, 还有一部分的“肇事者”就是伯努利定理.

1912 年的秋天, 当时世界上最大的远洋轮“奥林匹克”号正在大海上航行. 在距其一百米左右海面上, 英国铁甲巡洋舰“哈克”号也正在与之同向前进. 突然之间, 吨位小的巡洋舰好像被一只无形的巨手推动, 径直向远洋轮冲过去. 巡洋舰的舰长大惊之下连忙纠正航向, 但一切努力

都归于无效. 在一股神秘的力量牵引下, “哈克” 号最终把无辜的 “奥林匹克” 号撞出一个大窟窿.

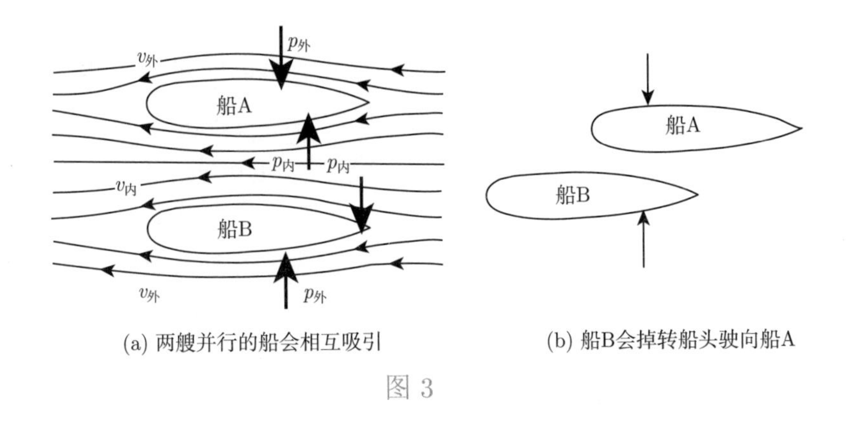

(a) 两艘并行的船会相互吸引　(b) 船B会掉转船头驶向船A

图 3

无独有偶的是, 20 世纪初, 法国 “勃林奴斯” 号装甲舰在演习时撞沉了一艘驱逐舰; 1942 年, 美国 “玛丽皇后” 运兵船与 “寇拉沙阿” 号巡洋舰相撞.

“奥林匹克” 号的船长最终被判为事故负责, 理由是他没有为冲过来的 “哈克” 号让道. 类似这样的海上事故在历史上曾多次发生, 人们花了很长时间才意识到这些悲剧的深层次原因都是伯努利定理预示的流体现象, 从而才能在多年后为 “肇事” 的船长洗清冤屈.

伯努利定理也是航空工业的一个理论基础. 它可以解释飞机为什么能飞上蓝天.

事实上, 飞机的机翼如图 4 所示.

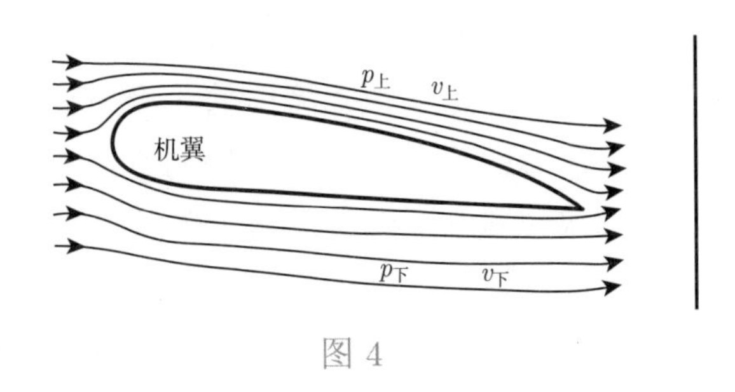

图 4

为了抓住问题的本质, 我们假设空气为作定常流动的理想气体. 机翼附近的流线来自远处, 大气各部分以相同速度做匀速直线运动, 所以机翼上下的伯努利量守恒. $p_{上}$ 和 $v_{上}$ 分别是机翼上方流体的压力和速度, $p_{下}$ 和 $v_{下}$ 分别是机翼下方的压力和速度, 那么伯努利定理的数学表示即为

$$\frac{1}{2}\rho v_{上}^2 + \rho gh + p_{上} = \frac{1}{2}\rho v_{下}^2 + \rho gh + p_{下},$$

两边同时消去 ρgh, 这个式子可以简化为

$$\frac{1}{2}\rho v_{上}^2 + p_{上} = \frac{1}{2}\rho v_{下}^2 + p_{下}.$$

飞机飞行时, 由于机翼剖面形状上下不对称和较小的迎角, 流过机翼上、下面的空气流速不同, 上部分的空气流速大、流线密, 下部分的空气流速小、流线疏, 即

$$v_{上} > v_{下},$$

因此由上式可以推出

$$p_{上} < p_{下},$$

这样一来, 机翼上下表面出现压力差, 从而产生升力. 机翼上表面的压强小于机翼下面的压力, 于是当飞机速度越来越快时, 压力差也变得越来越大, 升力也就越来越大, 最后把飞机送上蓝天.

俄罗斯著名的水利学家茹科夫斯基则将伯努利定理的预言变成了现实. 他证明了一种测量在低速无黏均匀来流中的二维机翼单位展长上的作用力的定理. 即在低速无黏均匀来流中的二维机翼单位展长上的作用力垂直于来流方向 (升力), 其大小等于流体密度、来流速度和绕该机翼的环量之积. 该定理可以精确计算出飞机的机翼升力, 并促使人们发明螺旋桨和喷气式飞机来让飞机产生向前的运动. 只要让飞机获得较大的相对空气流速, 机翼上下就能产生足够的压力差, 从而让飞机顺利起飞.

伯努利定理有很多的应用, 除流体动力学以外, 还在天文测量、引力、行星的不规则轨道、磁学、海洋、潮汐等等方面发挥巨大的作用.

2.2 欧拉的流体运动方程

伯努利方程是欧拉方程的一个特殊情况.

欧拉是 18 世纪的数学巨人, 他发展了微分方程理论, 并将其应用于流体力学的研究. 1755 年, 欧拉在《流体运动的一般原理》中通过应用牛顿力学第二定律于理想流体上, 提出了著名的欧拉方程.

下面为了描述欧拉方程, 我们引入一些相关的数学符号和公式. 特别地, 我们在三维空间 $\mathbb{R}^3$ 中描述相应的流体现象.

假设 $\vec{x}=(x,y,z)$ 是三维空间中的一个点, t 表示时间, 流体具有速度 $v(\vec{x},t)=(v_1(\vec{x},t),v_2(\vec{x},t),v_3(\vec{x},t)$, 流体的压力是 $p(\vec{x},t)$.

对一个函数 $f(x,y,z)$, f 的偏导数 $f_x(x,y,z)$ 定义如下:

$$f_x(x,y,z)=\lim_{h\to 0}\frac{f(x+h,y,z)-f(x,y,z)}{h},$$

它表示函数 f 关于 x 的偏导数, 即把 y,z 看作常量, 针对 x 求导得到的函数. 类似地, f_y,f_z 分别表示 f 关于 y 和 z 的偏导数.

同样地, 关于时间的偏导数 $f_t(t)$ 定义如下:

$$f_t(t)=\lim_{h\to 0}\frac{f(t+h)-f(t)}{h}.$$

有了以上的基础准备, 牛顿第二定律的数学形式表述为

$$F=ma=mv_t,$$

F 是物体受的外力, m 是物体质量, v 是速度, $v_t=a$ 是速度关于时间 t 的导数, 即物体运动的加速度.

假设在一团流体中, p 是压力, ρ 是流体的密度, $\vec{g}$ 是外力, $\vec{U}=(u,v,w)$ 是流体的速度.

我们将牛顿第二定律应用于无黏性的体的微团上会得到

$$-\nabla p+\rho\vec{g}=\rho(\vec{U}_t+\vec{U}\cdot\nabla\vec{U}), \tag{1}$$

上式的左边是流体微团受力分解为压力梯度和重力, 等式右边则是流体微团的加速度 (该加速度包含了微团整体的加速度 $\vec{U}_t$ 和微团自身内部几何变形导致的形变加速度 $\vec{U}\cdot\nabla\vec{U}$).

在 (1) 式中,

$$\nabla p=(p_x,p_y,p_z),$$

$$\vec{U}\cdot\nabla\vec{U}=(uu_x+vu_y+wu_z,uv_x+vv_y+wv_z,uw_x+vw_y+ww_z)$$

显然, 方程 (1) 可以等价于

$$\vec{U}_t+\vec{U}\cdot\nabla\vec{U}=-\frac{1}{\rho}\nabla p+\vec{g}. \tag{2}$$

至此, 理想流体的运动方程终于被欧拉建立起来.

这一方程事实上反映了流体的动量变化规律, 除此之外, 欧拉还给出了反映质量守恒的连续性方程. 通过这两个方程的结合, 欧拉奠定了理想流体 (即流体不可压缩, 且其黏性可忽略) 的运动理论基础. 在研究计算流体流经浸没物体边界层外侧的压力分布, 或者在描述远离边界层的流体运动分布时, 作为理想流体的欧拉方程就起到主导的作用.

在流体动力学中, 欧拉方程不仅适用于理想的不可压缩流体, 同样适用于基于真实世界的可压缩流体. 在可压缩流体的运动中, 欧拉方程则由质量守恒、动量守恒和能量守恒方程组成. 正是因为其方程形式包括了广泛的物理学守恒定律, 因此欧拉方程的应用极为广泛, 在包括但不限于流体动力学、水静力学、工程力学、天文力学、连续介质力学、牛顿力学、统计力学、分析力学、结构力学、生物力学、材料力学、地

质力学, 乃至相对论力学、量子力学等等学科里发挥了重要的作用. 有鉴于此, 欧拉方程被誉为无黏流体动力学中最重要的基本方程.

炸弹产生的冲击波效应模拟、亚音速飞机、超音速导弹和超高速航空器的设计等等都受益于欧拉方程的理论和数值计算.

如果假设流体不可压缩, 且没有黏性; 流体稳定流动, 各参数和时间无关; 流体沿着流线运动. 那么欧拉方程就可以在数学上简化为伯努利方程.

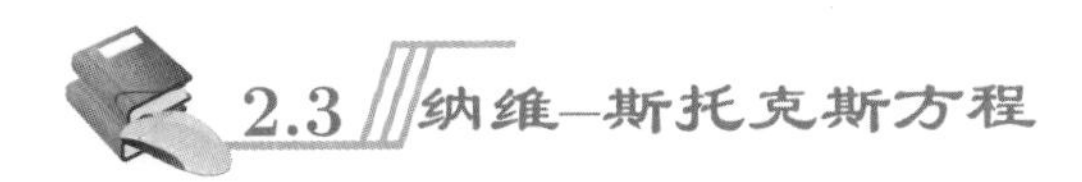

2.3 纳维–斯托克斯方程

欧拉方程是无黏流体的基本方程.

1758 年, 数学家达朗贝尔利用欧拉方程证明了任何形状的物体在没有黏性的物理运动时, 阻力为零. 这一结论显然严重背离了现实世界的现象, 这就是著名的达朗贝尔悖论. 悖论产生的原因就在于方程中假设了流体的无黏性质.

尽管如此, 却很少有人试图将黏度的影响包括在流体的运动方程中. 为了弥补理想流体和真实流体之间的差异, 欧拉在 1761 年提出了流体运动的黏度理论, 然而他的理论假设流体的摩擦力与压力成正比并不成立.

从 19 世纪起, 流体力学研究的重点就转移到如何在欧拉方程中添加一个摩擦项, 以获得真实的结果.

1822 年, 法国桥梁工程师纳维 (Navier) 首先将无黏的欧拉方程推广到真实世界带有黏性效应的流体运动中去.

不同于纳维专注于流体黏性的研究, 柯西则聚焦于对欧拉方程的变换. 他在欧拉方程中引入流体微团的应力张量的概念, 从而推导了著名的柯西动量方程.

结合纳维对黏性的思考和柯西的张量思维, 斯托克斯 (Stokes) 终于建立了著名的纳维–斯托克斯 (Navier-Stokes) 方程.

为了推导牛顿流体一般形式的运动方程, 斯托克斯将牛顿黏性定律从一维扩展到三维, 提出了三个假设:

(1) 流体是各向同性的;

(2) 流体静止时, 法向应力等于静压强;

(3) 切应力与变形率呈线性关系.

首先, 对三维向量函数 $\vec{U}=(u_1,u_2,u_3)$ 和数量函数 f,

$$D_t f(x,t)=f_t+\vec{U}\cdot\nabla f=f_t+\sum_{i=1}^{n}u_i f_{x_i}$$

被称为流体中的物质导数.

首先根据柯西的张量观点, 流体运动方程的微分形式为

$$\begin{cases}\rho D_t u=-p_x^1+\sigma_y^{12}+\sigma_z^{13}+\rho g_x,\\ \rho D_t v=-p_z^3+\sigma_y^{31}+\sigma_x^{32}+\rho g_y,\\ \rho D_t w=-p_y^2+\sigma_x^{21}+\sigma_z^{23}+\rho g_z,\end{cases}$$

这里 ρ 是流体密度, $\vec{U}=(u,v,w)$ 是流体在三维空间的速度. p^1,p^2,p^3 是流体微团的法向应力, $\sigma^{12},\sigma^{13},\sigma^{31},\sigma^{32},\sigma^{21},\sigma^{23}$ 是切向应力.

$$\nabla g=(g_x,g_y,g_z)$$

是外界的位势力. 根据流体物质导数的定义,

$$\frac{Du}{Dt}(x,t)=u_t+(\vec{U}\cdot\nabla)u=u_t+uu_x+vu_y+wu_z.$$

法向应力 p^1,p^2,p^3 则具有如下形式:

$$p^1=-p+2\mu u_x-\frac{2}{3}\mu\nabla\cdot\vec{U},$$

$$p^2=-p+2\mu v_y-\frac{2}{3}\mu\nabla\cdot\vec{U},$$

$$p^3 = -p + 2\mu w_z - \frac{2}{3}\mu\nabla\cdot\vec{U},$$

这里 p 是流体的压强, μ 是流体的黏性系数.

$$\nabla\cdot\vec{U} = u_x + v_y + w_z$$

是速度向量 $\vec{U} = (u, v, w)$ 的散度.

切向应力 σ 则满足牛顿黏性定律:

$$\sigma^{12} = \sigma^{21} = \mu(v_x + u_y),$$

$$\sigma^{13} = \sigma^{31} = \mu(u_z + w_x),$$

$$\sigma^{32} = \sigma^{23} = \mu(w_y + v_z).$$

结合以上的表达式, 斯托克斯最终推导出了如下的流体运动方程:

$$\begin{cases} \rho D_t u = -p_x + \left[\mu\left(2u_x - \frac{2}{3}\nabla\cdot\vec{U}\right)\right]_x + [\mu(v_x + u_y)]_y \\ \qquad + [\mu(u_z + w_x)]_z + \rho g_x, \\ \rho D_t v = -p_y + \left[\mu\left(2v_y - \frac{2}{3}\nabla\cdot\vec{U}\right)\right]_y + [\mu(v_x + u_y)]_x \\ \qquad + [\mu(w_y + v_z)]_z + \rho g_y, \\ \rho D_t w = -p_z + \left[\mu\left(2w_z - \frac{2}{3}\nabla\cdot\vec{U}\right)\right]_z + [\mu(u_z + w_x)]_x \\ \qquad + [\mu(w_y + v_z)]_y + \rho g_z. \end{cases}$$

作为最普适的流体运动方程, 它适用于可压缩变黏度的黏性流体的运动. 如果我们假设流体不可压缩 (即 $\nabla\cdot\vec{U} = 0$), 且密度为常数, 上述方程就简化为纳维–斯托克斯方程:

$$\begin{cases} \vec{U}_t + \vec{U}\cdot\nabla\vec{U} + \nabla p = \mu\Delta\vec{U}, \\ \nabla\cdot\vec{U} = 0, \end{cases}$$

其中 $\vec{U}=(u,v,w)$ 是流体的速度, p 是压力项, μ 是黏性系数.

如果忽略流体的黏性效应, 即让 $\mu=0$, 纳维–斯托克斯方程就简化为欧拉方程.

2.4 纳维–斯托克斯方程的数学研究

时至今日, 各种基于纳维–斯托克斯方程的计算流体动力学 (CFD) 软件早已渗透到各行各业, 并且在现实世界中取得了巨大的成功. 但是纳维–斯托克斯方程的数学特性, 即解的存在性和光滑性至今仍然没有得到证明. 时至 2000 年, “任意给定具备有限能量的光滑初值, 三维不可压缩纳维–斯托克斯方程是否存在着整体的光滑解或者解会在有限时间内爆破? ” 被美国克雷 (Clay) 研究所选定为七大千禧年数学难题之一. 同时, 克雷研究所认为 21 世纪的数学发展有望解开以该问题为代表的湍流理论中的数学难题.

自 20 世纪开始, 国际上众多顶级的数学家加入了破译该方程解的漫漫征途, 并取得了许多重要的原创成果. 其中包括卡法雷利 (Caffarelli)[①]、费弗曼 (Fefferman)[②]、里翁斯 (Lions)[③]、尼伦伯格 (Nirenberg)[④]、特曼 (Temam)[⑤]、陶 (Tao)[⑥]、基佳 (Giga)、肖贝克 (Schonbek)、苏尔 (Sohr)、切曼 (Chemin)、康斯坦丁 (Constantin)、张平[⑦]等等.

从数学上来看, 纳维–斯托克斯方程是由一组二阶非线性非标准抛物型和一阶椭圆型偏微分方程组成的混合型方程组. 由于方程组的高度非线性, 因此几乎没有可能直接得到该方程的精确解. 目前所有的精确

① 美国科学院院士, 沃尔夫 (Wolf) 奖得主.

② 美国科学院院士, 菲尔兹 (Fields) 奖得主.

③ 法国科学院院士, 菲尔兹奖得主.

④ 美国科学院院士, 阿贝尔 (Abel) 奖得主.

⑤ 法国科学院院士.

⑥ 陶哲轩, 菲尔兹奖得主.

⑦ 中国科学院院士.

解都是基于一些特殊初值和特殊几何结构限制下的特例流动.

鉴于纳维–斯托克斯方程的复杂程度, 寻找方程的一般解主要有三种思路.

1. 对光滑的大初值, 建立方程的整体弱解.

2. 对方程的整体弱解, 通过正则性准则寻找它与整体光滑解的差异, 并不断改进弱解的正则性.

3. 对某类满足小性条件的初值, 建立方程的整体光滑解和弱解.

针对第一种思路, 最早在解的存在性取得重大突破的数学家是法国人莱雷 (Leray). 莱雷在 1934 年首先证明了三维纳维–斯托克斯方程对一般的有限能量的大初值, 至少存在一个整体的弱解. 此解在平均值的意义上满足纳维–斯托克斯方程, 但无法在每一点上让方程成立. 1951 年, 德国数学家霍普夫 (Hopf) 对莱雷的弱解进行了推广. 由此, 纳维–斯托克斯方程现在被统称为霍普夫–莱雷弱解.

对一般的大初值, 霍普夫–莱雷弱解也是迄今为止唯一的整体弱解的存在性结果. 针对第二种突破口, 1962 年, 塞林 (Serrin) 证明了如下结果:

如果霍普夫–莱雷弱解满足某种尺度不变性的约束条件, 那么该弱解其实就是光滑解, 即

$$u \in L^s(0,T;L^r(\Omega)) \quad \text{那么 } u \in C^\infty((0,T)\times;\Omega),$$

其中 $L^s(0,T;L^r(\Omega))$ 表示具有关于时间 L^s 和空间 L^r 的可积性函数空间, $C^\infty((0,T)\times;\Omega)$ 表示时间和空间的光滑函数空间,

$$\frac{2}{s}+\frac{3}{r}\leqslant 1, \quad s\in(2,\infty), \quad r\in(3,\infty).$$

直到 2013 年, 埃斯考里亚萨 (Escauriaza) 才证明了塞林弱解的端点情况, 即

$$u \in L^\infty(0,T;L^3(\Omega)), \quad \text{那么 } u \in C^\infty((0,T)\times;\Omega).$$

最近的突破则来自中国数学家张平与其合作者法国数学家切曼等人. 他们首先证明了速度场 u 的某个单分量满足某种限定的塞林条件, 那么该弱解就是光滑解.

另一方面, 卡法雷利–科恩–尼伦伯格在 1982 年证明了适当弱解的奇异点集的一维豪斯多夫 (Hausdorff) 测度为零, 这是一个极为深刻的结果. 这首次揭示了纳维–斯托克斯方程的弱解和强解之间的差异: 弱解所有可能的时空奇异点只能分布在一条时空轴线上. 到目前为止, 这是关于部分正则性问题方面最好的研究结果.

对纳维–斯托克斯方程解研究更多地集中在第三条道路上, 即对某类小性初值建立方程的整体解. 法国数学家切曼、帕伊库 (Paicu), 中国数学家张平等人在该领域做出了极其深刻的结果. 特别值得一提的是, 切曼等人在 2011 年证明了只要速度场的某一个单分量变化缓慢就能产生整体的光滑解.

然而, 关于纳维–斯托克斯问题大初值整体光滑解的千禧年问题的研究一直停滞不前. 直到 2016 年, 澳大利亚华人数学家陶哲轩在纳维–斯托克斯问题上发表了文章 “Finite time blowup for an averaged three-dimensional Navier-Stokes equation”. 在该文中, 陶哲轩研究了某种平均化的纳维–斯托克斯方程, 此前为研究原始方程发展出的数学工具已经不足以区分它与真正的方程. 令人惊异的是, 陶哲轩证明了这个方程即使初值光滑, 方程对应的光滑解也会在有限时间爆破 (动能趋向无穷).

以上只是研究纳维–斯托克斯方程的一个缩影. 关于该方程的理论和数值研究, 其文献已有逾万篇之巨.

2.5 流体力学方程的意义和影响

在流体力学中, 伯努利原理和欧拉方程在现实中有大量的重要应用, 而纳维–斯托克斯方程对我们的生活则有着更为深刻广泛的影响.

天气预报已经成为人们出行的必备指南，气象局通过纳维–斯托克斯方程的数值计算来预测未来的天气，而人们可以根据预测结果调整自己的出行计划.

面对古人无能为力的飓风和洪水，现代人在纳维–斯托克斯方程为代表的流体力学方程的帮助下，不仅能准确预知飓风的形成时间、未来的行动轨迹，还能提前预防洪水的泛滥危害，甚至基于纳维–斯托克斯方程主部变形的黏弹流体更是被广泛用于地震灾害的预测上，帮助灾区人们获得宝贵的逃生时间.

同时，纳维–斯托克斯方程不仅在宏观上帮助人们预知天气和洪水的走向，还在微观上带领人们进入微米和纳米的世界，并与现代芯片行业的发展高度融合，逐渐形成了以微流控、纳流控芯片为主的高科技战场. 人们日常使用的喷墨打印机就是通过对微流体的操控实现的，这里面需要理解纳维–斯托克斯方程在微米尺度的动力学行为. 在各种环境下大放异彩的传感器，比如压力传感器、重力传感器、生物化学分析仪，乃至医生用于检测血液 DNA 成分分析的仪器，都是纳维–斯托克斯方程在微尺度下一展身手的领域. 人们相信，20 世纪的信息革命是在电子作为“信息”载体在微管道的流动交换下带动的，而 21 世纪乃至未来的科技革命，很可能就诞生在各种流体包括蛋白质分子、生化溶液在微管道上的流动里，它甚至能帮助人们模拟和理解生命等超复杂现象的诞生与发展.

除此之外，纳维–斯托克斯方程也描述了许多科学和工程上感兴趣的物理现象. 它可以用于更多的洋流、天气条件、水流在管道中的设计、飞机和汽车的设计、血液流动的研究、水电站的设计、污染的分析等等. 同时，人们利用射流的原理采矿、给烟囱安装扰流器消除卡门涡街来消除共振的危害、利用孔板消能来解决水电站的泄洪问题、通过改变流速和流向，改变绕流体结构等减少工程大桥的坍塌风险等.

基于纳维–斯托克斯方程，人们不仅能准确地做出天气预报，还能设计出船舶和飞机，在火箭发射、航空航天、国防军工、石油勘探、水利工程、电气工程等等方面发挥着中流砥柱的作用.

另一方面, 数学家和物理学家坚信纳维–斯托克斯方程足以描述湍流, 而湍流则是流体力学中最大的未解决的问题. 物理学大师海森堡曾经这样描述湍流: “当我见到上帝后, 我一定要问他两个问题——什么是相对论, 什么是湍流. 我相信他对第一个问题应该有了答案.”

湍流是流体的一种流动状态. 当流速很小时, 流体分层流动, 互不混合, 流动通过无规则的分子交换动量、质量和能量, 这个时候的流体被称为层流; 当流速很大时, 流线不再清楚可辨, 流场中出现许多小漩涡, 层流被破坏, 相邻流层间不但有滑动, 还有混合. 此时流动通过无规则的分子团交换动量、质量和能量. 这时流体的不规则运动, 就是湍流. **江河中的险滩激流、烟囱的滚滚排烟, 乃至动脉里的血管流动等等都是湍流.**

当人们乘坐飞机出行时, 都可能经历舒缓湍急的气流相伴. 这种飞机的上下颠簸部分就是由湍流形成.

尽管湍流代表了一类杂乱无章的流体运动, 似乎它的出现总能给人们带来麻烦. 但是在某些场景下, 它依然能造福人类. 比如**血压计的发明和研制就是根据层流和湍流的原理**设计的.

流体力学用不同的方程描述着不同的流体现象. 但是这些方程都和纳维–斯托克斯方程有着本质的联系, 可以说, 纳维–斯托克斯描述了流体领域的大部分条件. 不过该方程也有其适用范围, 即仅仅只适用于牛顿流体.

牛顿流体就是这样一类流体: 任一点上的剪应力都同剪切变形速率呈线性函数关系. 因此, 一般高黏度的流体并不满足这种关系. 比如沥青、熔岩、血液、食用油等等黏稠液体.

但是对于工程应用来说, 大部分仍然是可以处理近似为牛顿流体的情况. 也因此, 纳维–斯托克斯方程作为流体力学中的基础方程, 更是起着决定性的作用.

与理论研究该方程的思路不同, 借助于计算机的发展, 人们开始从数值计算上寻找实用的解决方案. 特别是对于更复杂的情形, 例如厄尔

尼诺这样的全球性气象系统或飞机风洞实验中计算机翼的升力等等, 纳维–斯托克斯方程的解则必须借助计算机才能完成.

人们不难发现, 流体力学的应用, 已经遍及自然界和社会活动. 流体运动背后的数学原理, 其根基正是纳维–斯托克斯方程. 这是人类几千年来前赴后继取得的辉煌成果, 这期间诞生了不计其数的伟大思想. 今天的人们已经深深地受益于科学成就的馈赠.

然而, 遗憾的是, 尽管纳维–斯托克斯方程已经被提出来近两百年, 基于它的应用已经对现实世界的认知和改造取得了巨大的成就, 但是人们却一直无法在数学上找到对应的理论来精确描述流体的运动. 鉴于纳维–斯托克斯方程的高度非线性, 数学家对该方程的理论认识依然处于起步阶段. 目前取得的重大科技突破大都源自于物理实验和计算机的数值模拟计算. 因此, 破译纳维–斯托克斯方程解的密码无疑将带来对流体运动本身最深刻的认知, 从而推动科技文明跨入新的时代. 希望终有一日, 人们能完全理解这个方程, 从而真正洞悉流体的奥秘.

参考文献

参考书籍

[1] 毛根海. 奇妙的流体运动科学. 杭州: 浙江大学出版社, 2009.

[3] 王洪伟. 我所理解的流体力学. 北京: 国防工业出版社, 2016.

[3] 李战华, 吴健康, 胡国庆, 胡国辉. 微流控芯片中的流体运动. 北京: 科学出版社, 2012.

[4] Tabeling P. Introduction to Microfluids. Oxford: Oxford University Press. 2005.

参考论文

[1] Leray J. Sur le mouvement d'un liquide visqueux emplissant l'espace. Acta Mathematica, 1934, 63: 193-248.

[2] Hopf E. Uer die anfangswertaufgabe fur die hydrodynamischen grundgleichungen. Mathematische Nachrichten, 1951, 4: 213-231.

[3] Serrin J. On the interior regularity of weak solutions of the Navier-Stokes equation. Archive for Rational Mechanics and Analysis, 1962, 9: 187-195.

[4] Caffarelli L, Kohn R, Nirenberg L. Partial regularity of suitable weak solutions of the Navier-Stokes equations. Communications on Pure and Applied Mathematics, 1982, 35: 771-831.

[5] Tao T. Finite time blowup for an averaged three-dimensional Navier-Stokes equations. Journal of the American Mathematical Society, 2016, 29(3): 601-674.

3 寻找最优

袁亚湘　刘　歆

寻找最优常常是一个数学问题. 在数学中有很丰富的理论讨论最优. 运筹学、博弈论、线性规划等本质上都是寻找最优的数学理论. 找出函数的极大值或极小值其实也是一种寻找最优.

生活和生产中需要寻找最优的场合是非常多的. 20 世纪六七十年代, 华罗庚在全国开展的“优选法”和“统筹法”的普及活动, 带来了巨大的经济效益和社会效益.

有时候一个看上去和优化无关的问题, 其实背后是有深刻的数学优化内容. 作为引子, 我们看一下瞎子爬山的过程. 这是华罗庚先生曾经用过的一个例子.

瞎子爬山的目标是登上山顶. 他并不知道朝哪个方向走, 能做的就是用明杖前后左右轮流试, 能往上走就迈一步, 直到四面都不高了就是山顶. 这个过程他可以用明杖和脚感受脚下的坡度; 要想更快地往上走, 沿着最陡的方向走就可以了.

要想看出瞎子爬山和求解数学优化问题的联系, 我们需要把这里的问题用数学的语言表述. 下面, 我们约定使用小写字母 (如 x) 与粗体小写字母 (如 $\mathbf{x}$) 分别表示标量与向量. 按照习惯, 我们所用的向量均为列向量. 如不特殊说明, 我们规定向量的起点是原点. 这样一来, 向量与坐标点之间是一一对应的.

图 1　华罗庚 (1910—1985)

图 2　黄山天都峰

山坡上每一点在地面上的投影点可以用二维向量 $(x,y)^\top$ 表示, 其中上标 "$\top$" 代表转置, 也即把行 (列) 向量转为相应的列 (行) 向量. 那么山坡的高度可以看作是这个投影点的函数

$$z=f(x,y).$$

于是山坡上每一个点在三维空间中的坐标可以用三维向量 $(x,y,z)^\top$ 表示.

瞎子爬山要的是尽快登上山顶. 现在就变成了在每一点处寻找函数上升最快的方向, 然后一步一步找到函数的最大值 (山顶). 微积分可以帮助我们找到这个方向, 那就是通过函数的梯度寻找. 说起函数的梯度, 我们先得了解方向导数. 函数在某一点的方向导数, 顾名思义, 就是函数限制在某一方向上得到的一元函数在该点的导数值, 也就是函数图像在该点切线的斜率. 函数在某点的梯度就是函数在该点处各个方向导数中的最大值, 即函数在该点处沿着梯度方向变化最快、变化率最大. 因此梯度方向也就是我们爬山时可以找到的最陡的上升方向. 对于函数 $z=f(x,y)$, 它的梯度就是二维向量

$$\nabla z=\frac{\partial f}{\partial x}\mathbf{i}+\frac{\partial f}{\partial y}\mathbf{j}=\left(\frac{\partial f}{\partial x},\frac{\partial f}{\partial y}\right)^\top,$$

其中 $\dfrac{\partial f}{\partial x}$ 与 $\dfrac{\partial f}{\partial y}$ 分别是 f 对 x 的一阶偏导数 (求导时将 y 看作常数) 与 f 对 y 的一阶偏导数 (求导时将 x 看作常数), $\mathbf{i}$ 和 $\mathbf{j}$ 分别是沿 x 非负半轴的单位向量 $(1,0)^\top$ 和沿 y 非负半轴的单位向量 $(0,1)^\top$. 以此类推, 一个 n 维空间上的函数的梯度就是一个 n 维向量.

顺便说一下, 刚才所说的瞎子爬山的过程其实和计算机求解最优化的过程有惊人的相似之处. 对一个函数, 给定一个点, 计算机可以计算目标函数在该点的信息如函数值、梯度等, 但不知道其他点的信息. 根据这些信息, 选择下一个点做计算. 这正如一个瞎子在山坡上能知道脚下的坡度, 也就是山坡高度函数在当前点的梯度, 但不知道山上的其他点的任何情况, 然后根据这些信息决定行进的方向.

回到瞎子爬山时采用的方法. 那里的方法其实是求山坡高度函数 $f(x,y)$ 的极大值 (山顶处) 的迭代法. 由于求解函数 $f(x,y)$ 的极大值等同于求解函数 $-f(x,y)$ 的极小值, 我们遵循习惯, 用求函数极小值的语言讨论和分析这个方法.

3.1 最速下降法

把计算机的能力和瞎子对比可能已经出人意料了. 但我想问一个更让大家吃惊的问题: 计算机和瞎子谁更聪明？我国已故著名数学家华罗庚先生曾把一个简单的优化方法称为“瞎子爬山法”. 该方法相当于瞎子在爬山时用明杖前后左右轮流试, 能往上走就迈一步, 直到四面都不高了就是山顶. 这个方法本质上就是坐标轮换搜索法. 现实生活中, 瞎子肯定不会这样爬山的. 可见瞎子就比采用坐标轮换法的计算机聪明. 我更偏向于把梯度法称为“瞎子爬山法”, 理由是瞎子能知道山的坡度.

梯度法是利用梯度方向求函数极小的方法. 这相当于在爬山中沿着山坡最陡的方向往前爬. 在数学上, 梯度法就是求解极小化问题

$$\min_{\mathbf{x}\in\mathbb{R}^n} f(\mathbf{x}) \tag{1}$$

的迭代法:

$$\mathbf{x}^{(k+1)}=\mathbf{x}^{(k)}-\alpha^{(k)}\nabla f\left(\mathbf{x}^{(k)}\right),$$

其中 $\mathbb{R}^n$ 是 n 维实向量空间, 任一向量 $\mathbf{x}=(x_1,\cdots,x_n)^\top\in\mathbb{R}^n$, $f:\mathbb{R}^n\to\mathbb{R}$ 称为目标函数, “$\min\limits_{\mathbf{x}\in\mathbb{R}^n}$” 表示函数在 $\mathbb{R}^n$ 中的全局极小值; 向量 $\mathbf{x}^{(k)}\in\mathbb{R}^n$ 代表迭代过程中的第 k 步迭代点, $\alpha^{(k)}>0$ 表示第 k 步的步长. 在上面爬山的例子中, $\mathbf{x}^{(k)}$ 就是 $\mathbb{R}^2$ 中的一个向量. $\alpha^{(k)}$ 的一个直观的选取是使得目标函数尽可能地小, 也就是让 $\alpha^{(k)}=\alpha_*^{(k)}$ 满足精确搜索条件:

$$f\left(\mathbf{x}^{(k)}-\alpha_*^{(k)}\nabla f\left(\mathbf{x}^{(k)}\right)\right)=\min_{\alpha>0} f\left(\mathbf{x}^{(k)}-\alpha\nabla f\left(\mathbf{x}^{(k)}\right)\right).$$

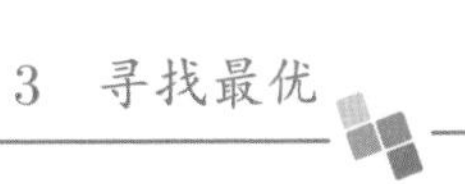

这就是精确搜索下的梯度法, 通常称为最速下降法.

表面上看来, 最速下降法是个完美的方法, 因为该方法所用的方向是最好的 (使函数降得最快), 步长也是最好的 (函数在搜索方向上最小). 但是, 最速下降法不仅不是一个最好的方法, 反倒是一个很差的方法. 图 3 给出了用最速下降法求解极小化问题

$$\min_{(x,y)^\top \in \mathbb{R}^2} f(x,y) = 100x^2 + y^2 \tag{2}$$

时从初始点 $(1,100)^\top$ 开始迭代的前二十个迭代点.

从图 3 可以看出, 最速下降法收敛非常慢. 也就是说, “最好”+ “最好”≠“最好”. 笔者在中科院研究生院上课时常常跟同学们开玩笑说, 班上最好的男生娶班上最好的女生, 结果往往不是最好的.

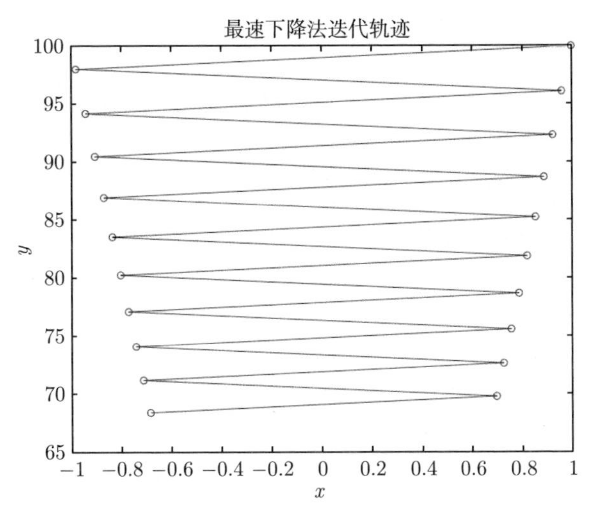

图 3　最速下降法从 $(1,100)^\top$ 出发求解问题(2)的前二十个迭代点

1988 年加拿大数学会前会长、加拿大皇家科学院院士 Borwein 教授和合作者 Barzilai 提出了一个巧妙的办法来改进最速下降法. 他们把上一次迭代的最好步长留着下一次迭代用. 这一小小的改动, 导致新算法效率惊人地提高, 几乎可以达到和下一节将要介绍的共轭梯度法差

不多的效果. 图 4 是用 Barzilai-Borwein 方法 (简称 BB 方法) 求解问题(2)时从初始点 $(1,100)^\top$ 开始迭代的表现.

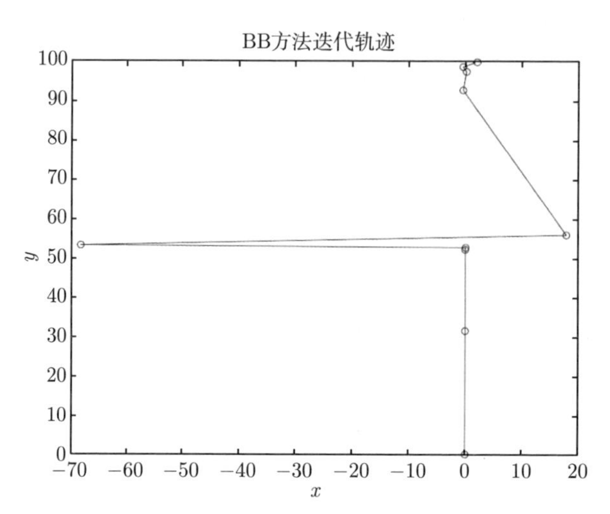

图 4　BB 方法从 $(1,100)^\top$ 出发求解问题(2)的前九个迭代点

由图 4 可知, BB 方法只需九次迭代就可以得到一个非常高精度的解. BB 方法的提出使得优化专家们对梯度法不得不重新认识, 并引发了大量的后续研究. 英国皇家学会会员、优化最高奖 Dantzig 奖获得者 Roger Fletcher 等著名学者也对这个问题作了深入研究. 但是, 如此重要的 BB 方法本质上却如此简单, 就是把最好的步长延迟一步用. 继续上面提到的玩笑就是, 班上最好的男生应该找低年级最好的女生.

3.2 共轭梯度法

优化中另外一个应用广泛的方法是共轭梯度法. 该方法最早是用来求解线性方程组的, 由著名数学家 Cornelius Lanczos (1893—1974), Magnus Hestenes (1906—1991) 和 Eduard Stiefel (1909—1978) 等提出 (图 5).

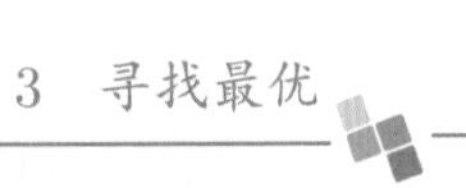

Cronelius Lanczos

Magnus Hestenes

Eduard Stiefel

图 5 Lanczos、Hestenes 和 Stiefel

使用共轭梯度法求解线性方程组的基本思想是把一个 n 维问题转化为 n 个一维问题. 该方法的关键是构造一组两两共轭的方向. 巧妙的是, 第 k 步的搜索方向 $\mathbf{d}^{(k)} \in \mathbb{R}^n$ 可以由第 $k-1$ 步的搜索方向 $\mathbf{d}^{(k-1)} \in \mathbb{R}^n$ 和当前点 $\mathbf{x}^{(k)}$ 处的梯度方向 $\nabla f(\mathbf{x}^{(k)})$ 之组合来逐步产生:

$$\mathbf{d}^{(k)} = -\nabla f\left(\mathbf{x}^{(k)}\right) + \beta^{(k-1)}\mathbf{d}^{(k-1)} \in \mathbb{R}^n,$$

这里, $\beta^{(k-1)} \in \mathbb{R}$ 代表共轭参数.

不同的共轭参数 $\beta^{(k-1)}$ 将导致不同的非线性共轭梯度法. 著名的四种有 Hestenes-Stiefel 方法、Fletcher-Reeves 方法、Polak-Ribière-Polyak 方法和 Dai-Yuan 方法, 其对应的 $\beta^{(k-1)}$ 的选取分别为

$$\beta_{\text{HS}}^{(k-1)} = \frac{\left(\nabla f(\mathbf{x}^{(k)}) - \nabla f(\mathbf{x}^{(k-1)})\right)^\top \nabla f(\mathbf{x}^{(k)})}{\left(\nabla f(\mathbf{x}^{(k)}) - \nabla f(\mathbf{x}^{(k-1)})\right)^\top \mathbf{d}^{(k-1)}},$$

$$\beta_{\text{FR}}^{(k-1)} = \frac{\|\nabla f(\mathbf{x}^{(k)})\|_2^2}{\|\nabla f(\mathbf{x}^{(k-1)})\|_2^2},$$

$$\beta_{\text{PRP}}^{(k-1)} = \frac{\left(\nabla f(\mathbf{x}^{(k)}) - \nabla f(\mathbf{x}^{(k-1)})\right)^\top \nabla f(\mathbf{x}^{(k)})}{\|\nabla f(\mathbf{x}^{(k-1)})\|_2^2},$$

$$\beta_{\mathrm{DY}}^{(k-1)}=\frac{\|\nabla f(\mathbf{x}^{(k)})\|_2^2}{\left(\nabla f(\mathbf{x}^{(k)})-\nabla f(\mathbf{x}^{(k-1)})\right)^{\top}\mathbf{d}^{(k)}},$$

其中 “$\|\cdot\|_2$” 表示向量的 2-范数. 显然可以看出, 这四个不同的 $\beta^{(k-1)}$ 可通过两个分子和两个分母的组合来得到. 这给我们的一个启迪: 完备性和对称性能引导我们发现新的方法.

3.3 信赖域思想与牛顿方法

信赖域方法是英国皇家学会会员、美国科学院外籍院士、首届 Dantzig 奖获得者、英国剑桥大学教授 Powell 最先提出的. 在过去的三十年中, 人们对信赖域方法的研究取得了巨大的进展, 并使得信赖域方法一直是非线性优化研究的中心和热点. 这样一个对学科发展起了巨大推动作用的方法其基本思想却非常简单. 它不像线搜索方法那样先求搜索方向然后求步长, 而是每次迭代在一个区域内试图找到一个好的点. 该区域称为信赖域, 通常是以当前迭代点为中心的一个小邻域. 试探点往往要求是原优化问题的某个近似问题在信赖域的解. 试探点求出后利用某一评价函数来判断它是否可以被接受为下一个迭代点. 试探点的好坏还被用来决定如何调节信赖域. 粗略地说, 如果试探点较好, 则信赖域保持不变或扩大; 否则将缩小.

正式的教科书追溯信赖域历史时, 往往会提到求解非线性最小二乘问题的 Levenberg-Marquardt 法. 这里, 非线性最小二乘问题指的是 $\min\limits_{\mathbf{x}\in\mathbb{R}^n}\|F(\mathbf{x})\|_2^2$, 其中 $F=(f_1,\cdots,f_r)^{\top}:\mathbb{R}^n\to\mathbb{R}^r$ 是一个向量值函数; 对 $i=1,\cdots,r$, $f_i:\mathbb{R}^n\to\mathbb{R}$. 从 $\mathbf{x}^{(k)}$ 出发, Levenberg-Marquardt 步就是

$$\mathbf{d}_{\mathrm{LM}}^{(k)}=-\left(J\left(\mathbf{x}^{(k)}\right)^{\top}J\left(\mathbf{x}^{(k)}\right)+\lambda_k I\right)^{-1}J(\mathbf{x}^{(k)})^{\top}F\left(\mathbf{x}^{(k)}\right)\in\mathbb{R}^n,$$

其中 λ_k 是一个正数, I 是 $\mathbb{R}^{n\times n}$ 中的单位矩阵, $J(\mathbf{x}^{(k)})\in\mathbb{R}^{r\times n}$ 是 F 在 $\mathbf{x}^{(k)}$ 处的雅可比矩阵, 定义为

$$J(\mathbf{x}^{(k)}) := \left.\begin{pmatrix} \dfrac{\partial f_1}{\partial x_1} & \dfrac{\partial f_1}{\partial x_2} & \cdots & \dfrac{\partial f_1}{\partial x_n} \\ \dfrac{\partial f_2}{\partial x_1} & \dfrac{\partial f_2}{\partial x_2} & \cdots & \dfrac{\partial f_2}{\partial x_n} \\ \vdots & \vdots & \ddots & \vdots \\ \dfrac{\partial f_r}{\partial x_1} & \dfrac{\partial f_r}{\partial x_2} & \cdots & \dfrac{\partial f_r}{\partial x_n} \end{pmatrix}\right|_{\mathbf{x}=\mathbf{x}^{(k)}},$$

$\mathbb{R}^{r\times n}$ 是 $r \times n$ 的实矩阵空间, 上标 "-1" 表示矩阵的逆. $\mathbf{d}_{\mathrm{LM}}^{(k)}$ 恰好是线性化最小二乘问题

$$\min \left\|F\left(\mathbf{x}^{(k)}\right) + J\left(\mathbf{x}^{(k)}\right)\mathbf{d}\right\|_2^2$$

在某一个信赖域上的解. 如果没有信赖域约束, 该问题的解就是 Gauss-Newton 步. 又可以开个玩笑: Gauss-Newton 法是一个很 "值钱" 的方法, 因为 Carl Friedrich Gauss(1777—1855) 和 Issac Newton(1643—1727) 都上过各自所在国的货币 (图 6).

(a) 德国马克上的Gauss

(b) 英国英镑上的Newton

图 6 Gauss 和 Newton

Newton 与优化的联系是相当多的. 事实上, 求解问题(1)的一个基本方法就是 Newton 法. 在 $\mathbf{x}^{(k)}$ 处, 它的搜索方向是

$$\mathbf{d}_N^{(k)} = -\nabla^2 f\left(\mathbf{x}^{(k)}\right)^{-1} \nabla f\left(\mathbf{x}^{(k)}\right) \in \mathbb{R}^n,$$

这里, $\nabla^2 f(\mathbf{x}^{(k)}) \in \mathbb{R}^{n\times n}$ 是 f 在 $\mathbf{x}^{(k)}$ 处的 Hessian 矩阵 (二阶导数矩阵), 其定义为

$$\nabla^2 f(\mathbf{x}^{(k)}) := \left.\begin{pmatrix} \dfrac{\partial^2 f}{\partial x_1^2} & \dfrac{\partial^2 f}{\partial x_1 \partial x_2} & \cdots & \dfrac{\partial^2 f}{\partial x_1 \partial x_n} \\ \dfrac{\partial^2 f}{\partial x_2 \partial x_1} & \dfrac{\partial^2 f}{\partial x_2^2} & \cdots & \dfrac{\partial^2 f}{\partial x_2 \partial x_n} \\ \vdots & \vdots & \ddots & \vdots \\ \dfrac{\partial^2 f}{\partial x_n \partial x_1} & \dfrac{\partial^2 f}{\partial x_n \partial x_2} & \cdots & \dfrac{\partial^2 f}{\partial x_n^2} \end{pmatrix}\right|_{\mathbf{x}=\mathbf{x}^{(k)}},$$

$\dfrac{\partial^2 f}{\partial x_i \partial x_j}$ 表示 $\dfrac{\partial f}{\partial x_i}$ 对 x_j 的偏导数, 也是 f 对 x_i 和 x_j 的二阶混合偏导数. Newton 法是一个几乎完美的方法: 它不仅简单, 而且收敛到 $f(\mathbf{x})$ 的极小值点 $\mathbf{x}_*$ 的速度非常快. 在二阶充分条件下, 可证明它具有 Q 二次收敛性:

$$\limsup_{k\to\infty} \frac{\|\mathbf{x}^{(k)} + \mathbf{d}_N^{(k)} - \mathbf{x}_*\|}{\|\mathbf{x}^{(k)} - \mathbf{x}_*\|^2} < +\infty.$$

但是, 美好的东西往往是可望而不可即的. 在实际应用中, 特别是对于大规模问题, Newton 法是没法用的. 这是因为 Hessian 矩阵 $\nabla^2 f(\mathbf{x}_k)$ 的计算量太大, 甚至根本无法计算.

1959 年诞生的拟 Newton 方法将 Newton 法中的 Hessian 矩阵用一个拟 Newton 矩阵来代替, 避免了二阶偏导数的计算. 同时, 通过逐步修正拟 Newton 阵, 拟 Newton 法也能达到超线性收敛. 英国皇家学会会员、牛津大学的 Trefethen 教授将拟 Newton 法与有限元、快速 Fourier 变换及小波等并列为 20 世纪最重要的计算方法. 欧美优化界的好几位院士都在拟 Newton 法方面有深入的研究. Fletcher 和 Powell 关于拟 Newton 法的第一篇文章的 SCI 引用已超过 3100 次.

拟 Newton 法的核心就是将 Newton 法的 $\nabla^2 f\left(\mathbf{x}^{(k)}\right)$ 用一个拟 Newton 矩阵 $B^{(k)} \in \mathbb{R}^{n\times n}$ 代替. 拟 Newton 矩阵满足拟 Newton 公式:

$$B^{(k)}\mathbf{s}^{(k-1)} = \mathbf{y}^{(k-1)},$$

其中 $\mathbf{s}^{(k-1)}=\mathbf{x}^{(k)}-\mathbf{x}^{(k-1)}$, $\mathbf{y}^{(k-1)}=\nabla f\left(\mathbf{x}^{(k)}\right)-\nabla f\left(\mathbf{x}^{(k-1)}\right)\in\mathbb{R}^n$. 第一个出现的拟 Newton 法是 Davidon-Fletcher-Powell 方法 (简称 DFP 方法), 其拟 Newton 矩阵修正公式为

$$\begin{aligned}B_{\mathrm{DFP}}^{(k)}=&B^{(k-1)}-\frac{B^{(k-1)}\mathbf{s}^{(k-1)}(\mathbf{y}^{(k-1)})^\top+\mathbf{y}^{(k-1)}(\mathbf{s}^{(k-1)})^\top B^{(k-1)}}{(\mathbf{s}^{(k-1)})^\top\mathbf{y}^{(k-1)}}\\&+\left(1+\frac{(\mathbf{s}^{(k-1)})^\top B^{(k-1)}\mathbf{s}^{(k-1)}}{(\mathbf{s}^{(k-1)})^\top\mathbf{y}^{(k-1)}}\right)\frac{\mathbf{y}^{(k-1)}(\mathbf{y}^{(k-1)})^\top}{(\mathbf{s}^{(k-1)})^\top\mathbf{y}^{(k-1)}}.\end{aligned}$$

而目前公认最好的拟 Newton 法是 Broyden-Fletcher-Goldfarb-Shanno 方法 (简称 BFGS 方法):

$$B_{\mathrm{BFGS}}^{(k)}=B^{(k-1)}-\frac{B^{(k-1)}\mathbf{s}^{(k-1)}(\mathbf{s}^{(k-1)})^\top B^{(k-1)}}{(\mathbf{s}^{(k-1)})^\top B^{(k-1)}\mathbf{s}^{(k-1)}}+\frac{\mathbf{y}^{(k-1)}(\mathbf{y}^{(k-1)})^\top}{(\mathbf{s}^{(k-1)})^\top\mathbf{y}^{(k-1)}}.$$

美国西北大学 Nocedal 教授 (1998 年国际数学家大会 45 分钟报告者)1992 年在剑桥大学出版的综述论文集 *Acta Numerica* 中提出两个公开问题: “DFP 方法对强凸函数是否收敛? ” 和 “BFGS 方法对于非凸函数是否收敛? ”. 对于第二个公开问题, 戴彧虹基于 Powell 关于 Polak-Ribière-Polyak 方法不收敛的反例给出了否定的回答. 而第一个公开问题虽有一些进展但至今还未彻底解决. 拟 Newton 法给我们的启迪是: 近似和逼近是构造优化方法有力武器.

3.4 Lagrange 与约束优化

另一位著名数学家 Lagrange 和优化也有紧密的联系. 考虑有约束条件的优化问题

$$\begin{aligned}\min_{\mathbf{x}\in\mathbb{R}^n}\quad & f(\mathbf{x})\\ \text{s.t.}\quad & c_i(\mathbf{x})=0,\quad i=1,2,\cdots,m_e;\\ & c_i(\mathbf{x})\geqslant 0,\quad i=m_e+1,\cdots,m,\end{aligned}\tag{3}$$

其中 $f:\mathbb{R}^n\to\mathbb{R}$, $c_i:\mathbb{R}^n\to\mathbb{R}(i=1,\cdots,m)$, “s.t.” 代表 “受约束于 (subject to)”. 此时 “min” 表示在约束条件下目标函数的全局极小值. 求问题(3)的稳定点等价于计算 Lagrange 函数

图 7　Joseph-Louis Lagrange(1736—1813)

$$L(\mathbf{x},\boldsymbol{\lambda})=f(\mathbf{x})-\sum_{i=1}^{m}\lambda_i c_i(\mathbf{x})$$

的鞍点 $(\mathbf{x}_*,\boldsymbol{\lambda}_*)$, 其满足对任意 $\mathbf{x}\in\mathbb{R}^n$, $\boldsymbol{\lambda}=(\lambda_1,\cdots,\lambda_m)^\top\in\mathbb{R}^m$: $\lambda_1,\cdots,\lambda_{m_e}\geqslant 0$,

$$L(\mathbf{x}_*,\boldsymbol{\lambda})\leqslant L(\mathbf{x}_*,\boldsymbol{\lambda}_*)\leqslant L(\mathbf{x},\boldsymbol{\lambda}_*).$$

这里 $\lambda_i\,(i=1,\cdots,m)$ 称为 Lagrange 乘子. 对应于不等式约束的 Lagrange 乘子应该是非负的. 鞍点的示意图可见图 8.

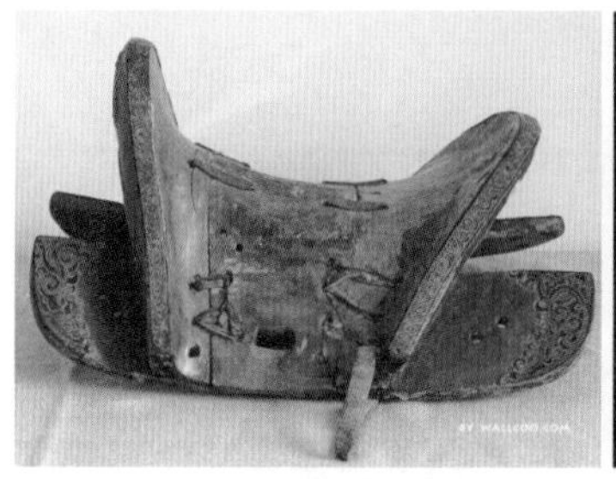

中国古代马鞍

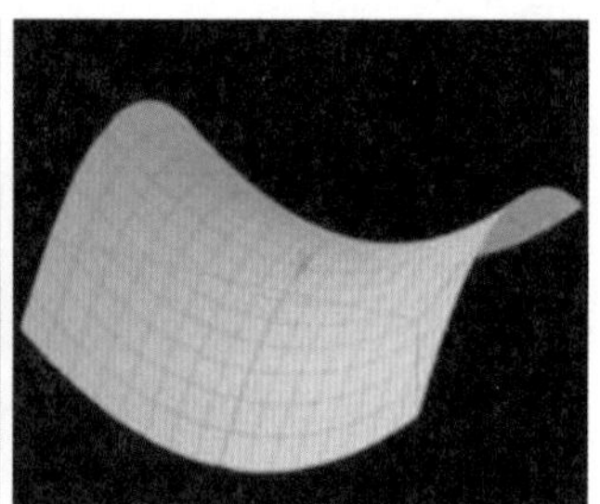

MATLAB图形($z=x^2-y^2$)

图 8

Lagrange 函数对优化的重要性不仅体现在刻画最优性条件上, 同时它在优化计算方法的构造上起了巨大的作用. 例如, 著名的逐步二次规划方法就是基于 Lagrange-Newton 法发展起来的.

3.5 线性规划与内点方法

20 世纪, 优化的另一个重大突破是内点法的提出和兴起. 它被广泛用来求解约束优化问题, 包括线性规划. 线性规划是最简单的约束优化问题. 它的标准形式为

$$
\begin{aligned}
\min_{\mathbf{x}\in\mathbb{R}^n} \quad & \mathbf{c}^\top \mathbf{x} \\
\text{s.t.} \quad & A\mathbf{x} = \mathbf{b}, \quad i = 1, 2, \cdots, m_e; \\
& \mathbf{x} \geqslant 0,
\end{aligned}
$$

其中 $\mathbf{c} \in \mathbb{R}^n$, $A \in \mathbb{R}^{m\times n}$, $\mathbf{b} \in \mathbb{R}^m$. 线性规划在经济、国防等许多重要领域有着广泛的应用. 线性规划的奠基者有优化先驱 George Dantzig (1914—2005), 诺贝尔奖获得者 Leonid Kantorovich (1912—1986), 和著名数学家 John von Neumann (1903—1957).

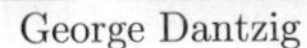
George Dantzig

Leonid Kantorovich

John von Neumann

图 9 Dantzig、Kantorovich 和 von Neumann

在几何上, 线性规划可理解为求凸多面体最低的点. Dantzig 提出的求解线性规划的单纯形法本质上就是每次从凸多面体的一个顶点走到

相邻的一个更低的顶点而逐步找到最低点的方法. 单纯形法具有简单、直观等优点, 同时用它来求解大多数线性规划问题也是非常快的. 但是, 可以构造例子使得单纯形法走遍凸多面体的每个顶点, 于是可知单纯形法的复杂度是指数的.

1984 年, 美国贝尔实验室的印度数学家 Karmarkar 提出了一个具有多项式复杂度的求解线性规划的方法. Karmarkar 方法的基本思想是从凸多面体的内部而不像单纯形那样在边界上去逐步靠近最优解. Karmarkar 方法可看成是利用 Newton 法求解 log 罚函数的方法. 事实上, Karmarkar 方法有一个很简单的同时也是很巧妙的几何解释. 下面举一个简单的例子来说明这一点 (或见图 10). 假定我们需要寻找三角形的最低顶点 $\mathbf{y}$. 设当前点是三角形的中心 $\mathbf{x}$, 重力方向是 $-\mathbf{c}$. 作三角形的内切圆和外接圆, 从中心点 $\mathbf{x}$ 出发沿重力方向交内切圆和外接圆分别为 $\mathbf{w}$ 和 $\mathbf{z}$. 由于外接圆包含三角形而三角形又包含内切圆, 我们就知道高度函数 $f(\mathbf{x})=\mathbf{c}^\top\mathbf{x}$ 满足 $f(\mathbf{z})\leqslant f(\mathbf{y})\leqslant f(\mathbf{w})$.

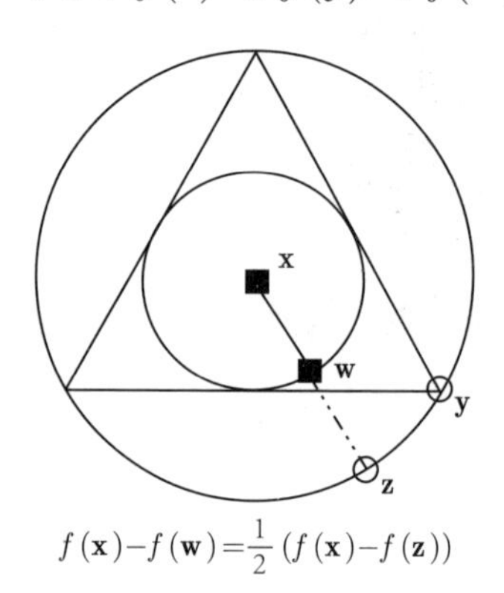

图 10 Karmarkar 方法的几何解释

由于内切圆半径是外接圆半径的一半, 而且 $f(\mathbf{x})$ 是线性函数, 所以我们有

$$f(\mathbf{x})-f(\mathbf{w})=\frac{1}{2}\left[f(\mathbf{x})-f(\mathbf{z})\right]\geqslant\frac{1}{2}\left[f(\mathbf{x})-f(\mathbf{y})\right].$$

也就是说, 通过一次迭代 (从 $\mathbf{x}$ 到 $\mathbf{w}$) 我们就可以让目标函数到最优函

数值的距离缩小一半. 这样我们就能很容易地得到多项式复杂度 (与精度有关) 的算法. 当然, 真正的 Karmarkar 算法没有那么简单. 我们只是用这个例子来说明它的基本思想. 这给我们另一个启迪: 了解问题的几何本质对构造高效的计算方法是非常有帮助的.

内点法在过去的二十多年一直是十分热门的研究方向. 许多国际著名学者, 如美国科学院院士、美国工程院院士、美国纽约大学 Courant 研究所计算科学系系主任 Wright 教授, Dantzig 奖获得美国 Cornell 大学的 Todd 教授等都在内点法方面有深入的研究. 可喜的是, 许多华人学者, 如美国斯坦福大学的叶荫宇教授、美国 Rice 大学的张寅教授、美国 Minnesota 大学的罗智泉教授、香港中文大学的张树中教授等人在这个国际热门研究领域中也作出了突出的贡献. 近年来新兴的优化方向如半定规划、锥优化等的主要求解方法都是内点法.

图 11 Leonhard Euler(1707—1783)

关于优化, 著名的数学家 Euler 曾说过: “Für, da das Gewebe des Universums am vollkommensten und die Arbeit eines klügsten ist Schöpfers, nichts an findet im Universum statt, in dem irgendeine Richtlinie des Maximums oder des Minimums nicht erscheint.” (由于宇宙组成是最完美也是最聪明造物主之产物, 宇宙间万物都遵循某种最大或最小准则.) 这实际上就是说优化无处不在.

3.6 流形优化

流形是局部具有欧几里得空间性质的拓扑空间, 可以看作是高维空间中曲线、曲面等概念的推广. 黎曼流形是指在切空间中定义了内积的光滑流形. 它以德国数学家伯恩哈德·黎曼的名字命名, 是一类非常重要且具有广泛应用的流形. 在实际应用中, 我们往往可以将黎曼流形直观地理解成高维空间中的光滑曲面. 流形优化问题是指在流形上对于给定的目标函数求极小的优化问题. 由于流形优化中涉及的流形往往为黎曼流形, 因此流形优化问题经常也被称为黎曼优化问题.

流形优化被广泛地应用于各个科学研究与工程应用领域中. 数值线性代数中的奇异值分解、统计中的主成分分析、材料计算中的 Kohn-Sham 方程求解、生命科学中的低温电子显微镜成像、信号处理领域中的稀疏字典学习、数据科学中的相关系数矩阵估计等问题都可以被表示为流形优化问题. 近年来, 在机器学习领域中的流形学习、深度神经网络训练中的批正则化与权重正则化、数据科学中的投影 Wasserstein 距离计算、自动驾驶中的路面恢复等问题中, 流形优化也有着重要的应用.

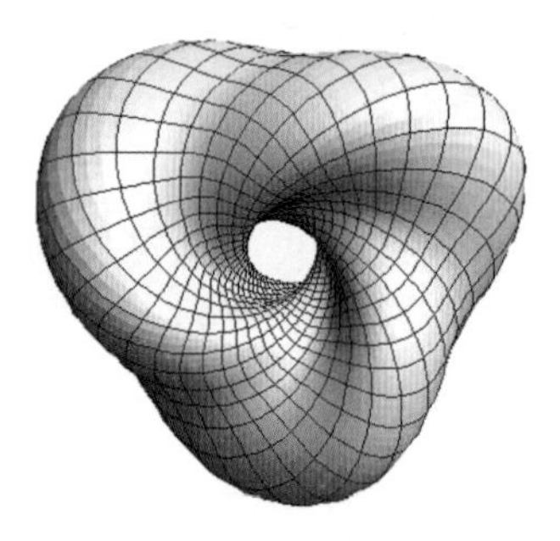

图 12　Bianchi-Pinkall 平环

由于流形优化中的优化问题被限制于黎曼流形上求解, 因此我们可以将流形优化问题作为一类特殊的约束优化问题, 从而利用逐步二次规划方法、增广 Lagrange 方法、内点法等经典的约束优化算法来求解流形优化问题. 近年来, 一些学者利用黎曼流形局部微分同胚于欧几里得空间这一性质, 将欧几里得空间中的无约束优化算法迁移到黎曼流形上. 这种迁移的方法需要借助很多微分几何中的概念, 例如切空间、黎曼微分、测地线、指数映射、平行输运等. 其中最重要的概念是切空间与测地线.

顾名思义, 给定流形 $\mathcal{M}$ 上的一个点 $\mathbf{x}$, 其切空间 $T_{\mathbf{x}}\mathcal{M}$ 可以理解成与流形在 $\mathbf{x}$ 处相切的平面 (子空间), 从而刻画了在点 $\mathbf{x}$ 处优化算法的所有可能的迭代方向. 但由于流形往往是不平坦的, 因此沿着切空间中的方向迭代往往会使得迭代点不在流形上. 所以我们还需要引入微分几何中的测地线这一概念. 测地线是指流形上连接两点的最短的曲线, 可以看作欧几里得空间中直线这一概念的推广. 我们可以将迭代点沿着测地线在流形上迭代, 从而可以保证优化算法所产生的迭代点始终保持在流形上. 但是对于大部分流形而言, 计算其测地线不是一件容易的事情. 因此数学家们又提出了收缩映射这一概念. 对于流形上的点 $\mathbf{x}$, 其收缩映射 $R_{\mathbf{x}}$ 将切空间中的向量映射到流形上, 从而近似流形上的测地线以达到更高的计算效率.

根据切空间与收缩映射这两个重要概念, 已有的流形优化算法在每次迭代中, 首先在当前迭代点 $\mathbf{x}$ 处的切空间 $T_{\mathbf{x}}\mathcal{M}$ 中计算迭代方向 $\boldsymbol{\xi}$, 随后利用收缩映射 $R_{\mathbf{x}}$ 将切空间中的向量 $\boldsymbol{\xi}$ 映射到流形上, 从而保证算法生成的迭代点始终保持在流形上 (可见图 13). 此外, 这些流形优化算法还需要利用微分几何中其他的一些概念, 例如前述的黎曼微分、指数映射、对数映射、平行输运等. 利用这些微分几何中的概念, 上文所提及

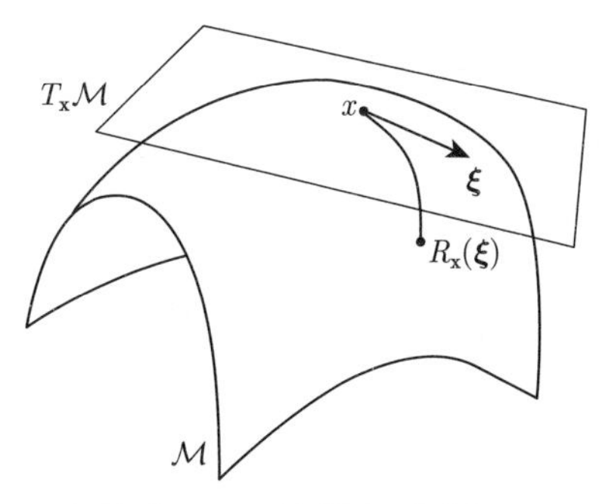

图 13　流形 $\mathcal{M}$ 上的点 $\mathbf{x}$, $\mathbf{x}$ 处的切空间 $T_{\mathbf{x}}\mathcal{M}$ 与收缩映射 $R_{\mathbf{x}}$

的最速下降方法、(非线性) 共轭梯度方法、Newton 法、拟 Newton 法、信赖域方法等欧几里得空间中的经典算法均可以被迁移到黎曼流形上, 从而在求解流形优化问题中发挥重要的作用.

事实上, 在其他科学研究领域中许多问题也归结于优化问题. 例如, 力学中的最小重量、最大载重、结构最优等; 金融中的最大利润、最小风险等; 生命科学中的 DNA 序列、蛋白质折叠等; 信息科学中模式识别, 海量数据处理等; 地学中的反演问题; 交通中的时刻表安排、最短路程等本质上都是优化问题. 而在当今世界, 机器学习、人工智能的发展更离不开优化.

从学科发展上, 优化近年来也越来越受到国际学术界的重视, 例如在 2006 年在西班牙召开的和 2014 年在韩国召开的国际数学家大会上都有优化领域的一小时报告. 笔者也在 2014 年的国际数学家大会上做了 45 分钟报告.

历史上, 我国广大科技工作者在老一辈科学家华罗庚等的带领下, 在优化及其应用方面做出了突出的贡献. 当前, 我国正在建设世界科技强国的征程上. 习近平同志强调 “在关键领域、卡脖子的地方下大功夫”①. 在这些 “关键领域” 和 “卡脖子” 之处, 优化大有用武之地. 我们相信优化将在我国国民经济建设的各个方面发挥更大的作用.

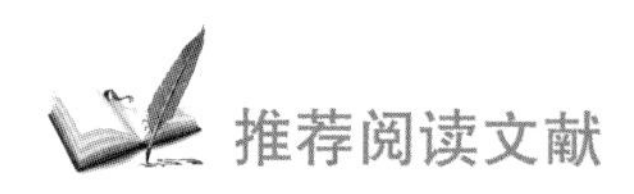

[1] 袁亚湘, 孙文瑜. 最优化理论与方法. 北京: 科学出版社, 1997.

[2] 袁亚湘. 非线性优化计算方法. 北京: 科学出版社, 2008.

[3] 中国科学院. 中国学科发展战略 · 数学优化. 北京: 科学出版社, 2020.

[4] Barzilai J, Borwein J M. Two-point step size gradient method. IMA Journal of Numerical Analysis, 1988, 8(1): 141-148.

① 参考 2021 年 3 月 16 日出版的第 6 期《求是》杂志的重要文章《努力成为世界主要科学中心和创新高地》.

[5] Bottou L, Curtis F E, Nocedal J. Optimization methods for large-scale machine learning. SIAM Review, 2018, 60(2): 223-311.

[6] Boyd S, Vandenberghe L. Convex Optimization. Cambridge: Cambridge University Press, 2004.

[7] Conn A R, Gould N I M, Toint P L. Trust Region Methods. New York: SIAM, 2000.

[8] Dai Y H. Convergence properties of the BFGS algoritm. SIAM Journal on Optimization, 2002, 13(3): 693-701.

[9] Dai Y H. Nonlinear conjugate gradient methods//Wiley Encyclopedia of Operations Research and Management Science. New York: John Wiley & Sons, Ltd, 2011.

[10] Dantzig G. Linear Programming and Extensions. Princeton: Princeton University Press, 2016.

[11] Dennis Jr J E, Schnabel R B. Numerical Methods for Unconstrained Optimization and Nonlinear Equations. New York: SIAM, 1996.

[12] Fletcher R. On the Barzilai-Borwein method//Optimization and Control with Applications. Boston, MA: Springer, 2005: 235-256.

[13] Hager W W, Zhang H C. A survey of nonlinear conjugate gradient methods. Pacific Journal of Optimization, 2006, 2(1): 35-58.

[14] Hu J, Liu X, Wen Z W, et al. A brief introduction to manifold optimization. Journal of the Operations Research Society of China, 2020, 8(2): 199-248.

[15] Nesterov Y. Introductory Lectures on Convex Optimization: A Basic Course. New York: Springer Science & Business Media, 2003.

[16] Nocedal J. Theory of algorithms for unconstrained optimization. Acta Numerica, 1992, 1: 199-242.

[17] Nocedal J, Wright S J. Numerical Optimization. New York: Spinger Science & Business Media, 2006.

[18] Ye Y Y. Interior Point Algorithms: Theory and Analysis. New York: John Wiley & Sons, 2011.

[19] Yuan Y X. A short note on the Q-linear convergence of the steepest descent method. Mathematical Programming, 2010, 123(2): 339-343.

[20] Yuan Y X. Recent advances in numerical methods for nonlinear equations and nonlinear least squares. Numerical Algebra, Control & Optimization, 2011, 1(1): 15.

[21] Yuan Y X. Recent advances in trust region algorithms. Mathematical Programming, 2015, 151(1): 249-281.

4 压缩感知的数学原理

许志强

在信息时代, 人们能感知到的信号, 如图像和声音等信号, 都能做到数字化. 我们能感知的信号都来自现实世界, 有意思的是, 对这些自然信号进行数字化后得到的图片和音 (视) 频文件, 通常具有可压缩性. 感知信号的可压缩性有巨大的理论和应用价值, 它的本质是数学问题, 更确切地说, 是如何处理有关信号的稀疏性的问题 (具体含义见第 2 节).

感知信号可压缩性的一个应用是通过较少次数的观测获得被观测对象的较完整的图像或其他信息. 这在很多场合, 特别是不能对信号做充分观测时, 是非常必要和有价值的.

例如, CT 成像是一种很好的医学诊断工具, 但成像需要做 X 线扫描获得信息, 如果想得到高质量的成像, 则需要较多数量的 X 线扫描. 由于 X 线有放射性, 对人体过量的扫描会对身体有一定的影响. 对儿童, 还需要考虑他们难以长时间保持安静, 要得到高质量的成像, 可能需要更多的 X 线扫描. 如果能够利用图像的可压缩性, 减少 X 线扫描的次数, 将会显著提高 CT 的使用效率并减少 X 线扫描对身体产生影响的可能性.

基于这一想法, 21 世纪初, 通过大量数学家、信号处理专家的工作, 特别是数学家 David Donoho, E. Candès 以及菲尔兹奖获得者陶哲轩

(Terence Tao) 等人的工作, 人们逐渐建立了压缩感知的理论体系, 从而使得通过少量观测重建信号成为可能, 并可显著减少观测成本及时间. David Donoho 也因而获得了 2013 年的邵逸夫数学科学奖, 以及 2018 年国际数学家大会颁发的高斯奖.

当前, 压缩感知已经成功应用于 CT 成像、核磁共振成像、天文观测、雷达成像等领域, 并在数学界、信息领域和产业界产生了巨大影响.

本文是以图像这一视觉感知为对象介绍压缩感知的数学原理, 听觉等其他感知的情况是类似的. 作者希望通过通俗的方式介绍其中的数学思想, 读者如果有兴趣深入了解压缩感知理论体系, 以及相应结果的出处, 可阅读相关的专业文献 [1].

4.1 图像的数字化

我们先从图像的数字化说起.

图像数字化的过程也可看作是一个网格化的过程, 这个过程就是把图像分成多个网格, 每个网格看作一个点, 就是像素点. 例如, 在图 1 显示的灰度图像中, 一共有 770×732 个像素点, 也就是说, 图像中每一列有 770 个像素点, 而每一行有 732 个像素点. 每个像素点对应一个位于区间 $[0, 255]$ 的整数, 这一整数表示了该像素点上的灰度值, 其中 0 表示黑色, 255 则表示纯白色. 因而, 可用一个 770×732 的整数矩阵来表示该图像.

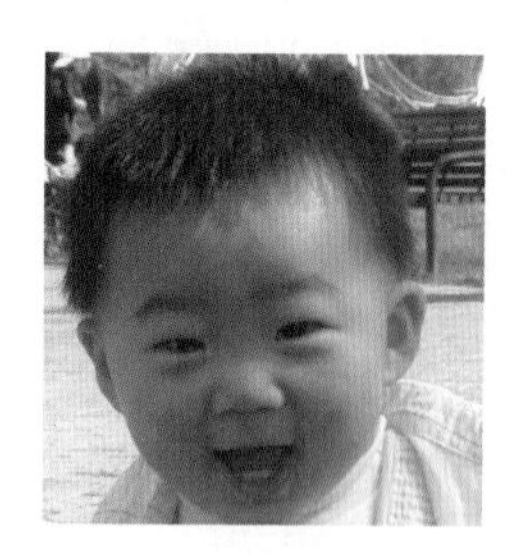

图 1 一幅灰度数字图像

而对于彩色图像, 一种常用的表示方式是 RGB 颜色系统, 因而, 也

可将一幅彩色图像用 3 个整数矩阵来表示.

4.2 图像的稀疏性

理论上说, 采用数字化方式能表达的信号是有限的, 但这个数字却极为庞大. 例如, 如果采用 RGB 颜色系统, 尺寸为 256×256 的图像能够表示的不同图像数量为 $256^{3\times256^2}\approx1.8\times10^{473479}$. 这是一个极为庞大的数字, 作为对比, 地球上沙子也只有大约 10^{25} 个. 然而, 在如此庞大的图像集合里边, 人们只对其中极少比例的图像感兴趣. 如何刻画这些图像的特征?

事实上, 人们感兴趣的自然图像通常具有很强的规律性, 也就是说, 图像中大多数像素点的颜色与周围点的颜色相关, 而不是完全独立的. 这样的图像通常具有可压缩性. 用数学语言可描述为: 图像进行离散傅里叶变换后, 绝大多数元素的绝对值较小. 这个性质我们称为稀疏性.

如果只保存离散傅里叶变换后绝对值较大的元素, 而其他绝对值较小的元素默认为 0, 绝对值较小的元素也就无需进行存储. 由此, 可显著降低存储量, 这也就能达到压缩的目的.

例如, 下面的两幅图片人眼难以分辨出差别, 其中的左图是原图, 需要 1651K 字节的存储空间, 而右图只保留了左图的傅里叶变换后绝对值按大小排列处于前 6% 的那些数字的信息, 因而左图只需要 $1651\times6\%\approx$ 100K 字节的存储空间.

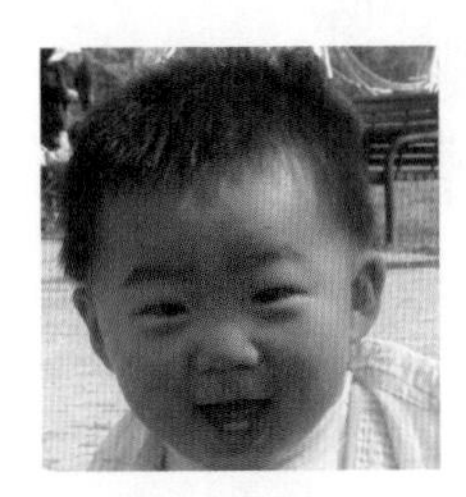

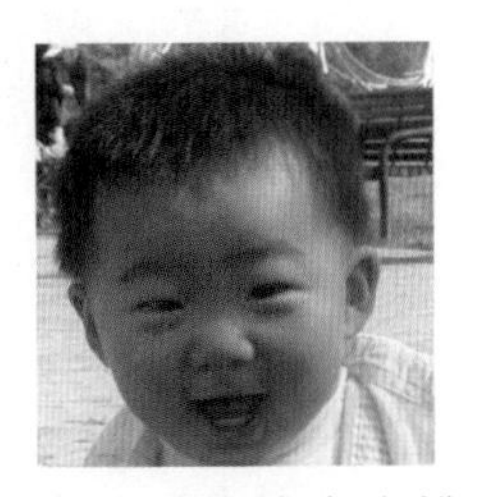

图 2　对左边图像进行离散傅里叶变换. 保留其中绝对值按大小排列处于前 6%, 其余元素取为 0, 进行逆变换后得到右边图像

在信息爆炸的时代, 信息的存储和传输都面临着挑战. 例如, 如果有较多的较大数字化的文件, 存储或传输这些数字化文件都会带来不便. 显见的影响包括: 一些网站对上传的图片文件常常要求文件不能太大, 部分社交软件中传输语音对时长有限制, 电子邮箱对一些超大的音视频文件也是难以传送的. 而如果利用稀疏性, 则可减少这方面的影响.

可见, 图像的稀疏性有巨大的价值.

4.3 傅里叶其人和傅里叶变换

有效处理图像的稀疏性的数学工具是 (离散) 傅里叶变换. 这个变换以法国数学家约瑟夫 • 傅里叶 (Joseph Fourier) 的名字命名.

傅里叶出生于 1768 年. 1798 年, 30 岁的傅里叶作为科学顾问, 随拿破仑远征埃及, 并深得拿破仑的信任. 傅里叶 33 岁时, 拿破仑曾将他委任为地方长官, 但傅里叶最终还是返回法兰西科学院继续科研工作. 这一选择也最终促使了傅里叶级数的诞生, 从而使得傅里叶的名字在科学史上熠熠生辉.

图 3 约瑟夫 • 傅里叶 (Joseph Fourier) (1768—1830)

1822 年, 傅里叶辗转发表了《热的解析理论》. 在其中, 傅里叶指出: 任何连续或不连续的一元周期函数都可写作三角函数的无穷级数.

当然, 严格来说, 这一结论需要加一些条件才能成立. 今天, 我们称这种三角函数级数为傅里叶级数. 将其扩展到非周期函数, 就是今天我们所用的傅里叶变换.

傅里叶级数和傅里叶变换使得人们对函数有了全新的认识, 在数学、工程等各个领域扮演重要角色. 研究傅里叶级数及傅里叶变换的数学分支被称为傅里叶分析.

我们用一个简单的比方说明傅里叶级数的作用.

生活中, 当我们看到一块蛋糕, 我们对它的认识主要包括: 颜色、形状、口味等. 假设我们有一台机器, 可以将蛋糕中的原材料分解出来. 那么, 通过这台机器的分解, 我们看到的是蛋糕中的原材料: 面粉、糖、奶油、水等. 这可以让我们对这块蛋糕有一种全新的认识.

如果这台机器不仅能对蛋糕进行分解, 而且能将原材料加工合成蛋糕. 那么, 我们就可以在分解后的成分中, 拿掉我们不喜欢的部分, 例如糖, 然后将剩余的原材料通过机器重新合成. 那么, 我们就得到了一块新的蛋糕. 这块新的蛋糕已经将原蛋糕中糖分去掉了.

与之类似, 可以用傅里叶级数将函数分解为各种不同频率三角函数的和. 依此, 即可对原函数做各种研究. 信号可看作是关于时间 (或者空间) 的函数, 因而, 也可以做傅里叶级数展开. 在展开后的三角函数中移除一些特定频率的三角函数, 然后重新求和得到一个新的信号, 即可达到对信号过滤的目的.

在数字时代, 人们通常面对的是离散形式的信号. 针对离散信号所做的傅里叶变换我们称为离散傅里叶变换.

本文中, 我们用 $\mathbb{R}$ 表示实数域, 而用 $\mathbb{C}$ 表示复数域. 我们以 d-维实向量为例说明离散傅里叶变换, 矩阵的离散傅里叶变换的定义是类似的, 因为矩阵也可以看作一个高维向量.

假设 $\mathbf{x}=(x_0,\cdots,x_{d-1})\in\mathbb{R}^d$ 为 d-维向量, 或者说是 d-维离散信号. 那么, $\mathbf{x}$ 的离散傅里叶变换是一个 d-维复向量, 记为 $\hat{\mathbf{x}}:=(\hat{x}_0,\cdots,\hat{x}_{d-1})\in\mathbb{C}^d$, 其中的分量 $\hat{x}_k$ 由下式定义

$$\hat{x}_k = \sum_{n=0}^{d-1} x_n(\cos(2\pi kn/d) - i\sin(2\pi kn/d)), \quad k = 0, \cdots, d-1.$$

这里, 我们用 i 表示虚数单位, 也就是 i 满足 $i^2 = -1$.

根据上式的定义, 通过计算 d^2 个求和, 即可得到 d-维向量 $\mathbf{x}$ 的离散傅里叶变换. 维数 d 通常是一个较大的数字, 如果直接采用离散傅里叶变换定义进行计算, 所需时间较长. 1965 年, James Cooley 和 John Tukey 提出了计算离散傅里叶变换的快速算法, 该算法将求和次数从 d^2 减少到 $O(d\log_2 d)$. 这里, $O(d\log_2 d)$ 表示一个不超过 $Cd\log_2 d$ 的函数, 其中 C 是一个与 d 无关的正常数. 符号 $O(\cdot)$ 被称为朗道符号, 它可隐藏低阶项和常数, 从而可突出起主要作用的函数项.

这一算法极大降低了离散傅里叶变换的计算量, 从而使得离散傅里叶变换实用化. 今天人们称这一算法为**快速傅里叶变换** (FFT).

其实, 早在 1805 年, 高斯在计算小行星轨道之时, 就提出了该算法, 只是高斯从未发表这一工作[6]. 值得一提的是: 作为一位伟大的数学家, 高斯很多时间是在从事天文学和大地测量学方面的工作, 并从中提出各种数学思想和方法. 2006 年, 国际数学联盟开始颁发高斯奖, 以表彰将数学用于其他领域的数学家.

图 4　卡尔 • 弗里德里希 • 高斯 (Carl Friedrich Gauss) (1777—1855)

今天, 快速傅里叶变换已经被应用于各个领域. “快速傅里叶变换是我们这个时代最重要的数值算法” (参见 [8]), 快速傅里叶变换也被列为 20 世纪 10 个最重要的算法之一. 人们普遍认为: 快速傅里叶变换这一算法加速了整个人类信息化的进程!

现在我们可以说清楚图 2 中的右图是怎样通过左图得到.

根据 4.1 节所说的, 图 2 中的左图是通过三个矩阵表示, 分别记作 $\mathbf{x}, \mathbf{x}', \mathbf{x}''$. 我们以矩阵 $\mathbf{x}$ 为例说明压缩的过程, 其他两个矩阵的处理是类似的. 分别用 M 和 N 表示矩阵 $\mathbf{x}$ 的行数与列数, 位于第 j 行和第 k 列的数值记作 $x_{j,k}$. 矩阵 $\mathbf{x}$ 的离散傅里叶变换也是一个 M 行和 N 列的矩阵, 记作 $\mathbf{y}$, 该矩阵位于第 u 行和第 v 列的数值记作 $y_{u,v}$, 由下面的公式定义:

$$y_{u,v}=\sum_{j=1}^{M}\sum_{k=1}^{N}x_{j,k}\left(\cos\left(2\pi\left(j\frac{u}{M}+k\frac{v}{N}\right)\right)-i\sin\left(2\pi\left(j\frac{u}{M}+k\frac{v}{N}\right)\right)\right),$$
$$1\leqslant u\leqslant M,1\leqslant v\leqslant N.$$

这 $M\times N$ 个公式可以用矩阵的乘法很紧凑地写出: $\mathbf{y}=F\mathbf{x}$, 此处 F 为离散傅里叶矩阵.

我们保留 $\mathbf{y}$ 中绝对值最大的 6%, 其余元素取为 0, 得到 $\mathbf{y}$ 的近似, 记为 $\tilde{\mathbf{y}}$, 然后对 $\tilde{\mathbf{y}}$ 做逆变换, 得到 $\tilde{\mathbf{x}}=F^{-1}\tilde{\mathbf{y}}$.

对另外两个矩阵 $\mathbf{x}'$ 和 $\mathbf{x}''$ 做类似的处理, 得到 $\tilde{\mathbf{x}}'$ 和 $\tilde{\mathbf{x}}''$. 图 2 中的右图即为 $\tilde{\mathbf{x}}, \tilde{\mathbf{x}}'$ 和 $\tilde{\mathbf{x}}''$ 给出的图像. 我们人眼难以分辨原图与重建图之间的区别, 但重建图的矩阵 $\tilde{\mathbf{x}}, \tilde{\mathbf{x}}'$ 和 $\tilde{\mathbf{x}}''$ 分别只用了原图的矩阵 $\mathbf{x}, \mathbf{x}'$ 和 $\mathbf{x}''$ 中 6% 的信息. 因而, 经过离散傅里叶变换后, 占用的存储空间只是原图的约 6% .

其中的关键原因是: 图像 (对应的矩阵) 经过离散傅里叶变换后, 绝大多数元素的绝对值为 0 或者接近于 0. 也就是说, 图像 (对应的矩阵) 在离散傅里叶变换后具有稀疏性.

4.4 稀疏能让我们少劳而获

如同前面已提到, 人们所关心的自然信号在进行一些特定的变换, 如离散傅里叶变换后, 通常具有稀疏性, 也就是绝大多数元素为 0, 或者接近于 0. 那么, 这个先验信息能否帮助我们减少观测次数呢? 压缩感知所关注的问题就是利用稀疏性, 通过少量观测重建信号, 这里的核心是一个数学问题.

在信息时代, 被观测的对象如物体的图像、性能等一般都有数学的语言表达, 比如向量, 前面我们已经看到图像可以用矩阵表达, 而矩阵也可看作一种二维向量, 它比一维向量有更多的结构.

不失一般性, 我们假设被观测的对象 (或说信号) 在数学上已经用一个向量表达, 从而我们说观测对象 (信号) 的时候, 数学上是指对该向量做观测.

所谓对向量 $\mathbf{x}_0 \in \mathbb{R}^d$ 观测, 或者说是感知观测对象, 即指采用一个已知向量 $\mathbf{a} \in \mathbb{R}^d$ 与 $\mathbf{x}_0$ 做内积, 然后得到的是观测值 $\langle \mathbf{a}, \mathbf{x}_0 \rangle$. 例如在一些成像观测中, 通常得到的是被观测对象横截面上某些信息的叠加值. 如果将被观测对象用一个高维向量表示, 那么, 该叠加值在数学上就可以描述为用一个已知向量与待观测向量的内积值.

下边, 我们通过一个简单例子说明先验信息能够帮助我们减少观测次数. 为了描述方便, 本文中, 我们直接假设信号本身具有稀疏性.

4.4.1 一个简单例子

假设 $\mathbf{x}_0 = (1, 0, 0)^{\mathrm{T}} \in \mathbb{R}^3$. 这里, 上标 T 是指对 $\mathbf{x}_0$ 做转置. 直观地说, 也就是将一个 1×3 的横着放的向量给竖起来, 变为竖着放的 3×1 的向量. 而我们不直接写一个竖着放的向量, 只是为了节省空间.

所谓对 $\mathbf{x}_0$ 的观测, 即指用 m 个已知向量 $\mathbf{a}_j \in \mathbb{R}^3, j = 1, \cdots, m$ 与 $\mathbf{x}_0$ 做内积, 得到 $y_j = \langle \mathbf{a}_j, \mathbf{x}_0 \rangle, j = 1, \cdots, m$. 根据线性代数知识可知, 为从 $(y_1, \cdots, y_m)^{\mathrm{T}}$ 唯一重建 $\mathbf{x}_0$, 观测次数 m 至少为 3. 特别是, 当 $m = 3$

时, 可通过 y_1, y_2, y_3 将任意 3 维向量唯一确定的充要条件是: 观测向量形成的观测矩阵 $(\mathbf{a}_1; \mathbf{a}_2; \mathbf{a}_3)$ 秩为 3. 这里, 我们事先只知道我们需要恢复的向量位于 $\mathbb{R}^3$ 中, 因而, 所需的最少观测次数也为 3.

如果我们事先知道的信息多一些, 例如, 我们事先知道我们需要恢复的向量非 0 元素个数不超过 1, 能否降低观测次数?

打一个比方: 一个班里有 30 个学生, 如果我们要从中找出成绩最好的学生, 那么, 我们需要把 30 个学生的成绩都看一遍才能找出. 但是, 如果我们事先知道成绩最好的学生是男生或者女生, 那就可以把寻找的范围缩小约一半. 这个比方说明: 如果我们事先知道需要寻找的向量落在一个特定的集合里边, 则有可能通过较少的观测重建该信号.

下面假设我们知道 $\mathbf{x}_0 \in \mathbb{R}^3$ 中非 0 元素数目不超过 1 个. 基于该信息, 我们可构造两个观测向量 $\mathbf{a}_1, \mathbf{a}_2$, 使得人们可通过 $y_1 = \langle \mathbf{a}_1, \mathbf{x}_0 \rangle, y_2 = \langle \mathbf{a}_2, \mathbf{x}_0 \rangle$ 重建 $\mathbf{x}_0$. 我们选取 $\mathbf{a}_1 = (1,1,0)^{\mathrm{T}}, \mathbf{a}_2 = (1,0,1)^{\mathrm{T}}$. 也就是观测矩阵 A 为

$$A = \begin{pmatrix} 1 & 1 & 0 \\ 1 & 0 & 1 \end{pmatrix}. \tag{1}$$

那么, 我们得到的观测向量为 $A\mathbf{x}_0$. 现在, 我们希望通过如下已知信息重建 $\mathbf{x}_0$:

1. $\mathbf{x}_0 \in \mathbb{R}^3$ 且 $\mathbf{x}_0$ 中非 0 元素个数不超过 1 个;
2. 观测矩阵

$$A = \begin{pmatrix} 1 & 1 & 0 \\ 1 & 0 & 1 \end{pmatrix};$$

3. 观测向量

$$A\mathbf{x}_0 = \begin{pmatrix} 1 \\ 1 \end{pmatrix}. \tag{2}$$

根据已知信息 3, 也就是方程 (2), 我们知道目标向量 $\mathbf{x}_0 = (x_1, x_2,$

$x_3)^{\mathrm{T}}$ 满足线性方程组

$$\begin{aligned} x_1 + x_2 \quad\quad &= 1, \\ x_1 \quad\quad + x_3 &= 1. \end{aligned} \tag{3}$$

方程 (3) 的解形成的集合为

$$S_0 := \{(\eta, 1-\eta, 1-\eta)^{\mathrm{T}} : \eta \in \mathbb{R}\}.$$

因为我们的目标向量 $\mathbf{x}_0$ 满足方程 (3), 因而, $\mathbf{x}_0 \in S_0$. 但是, S_0 中有无穷多个向量. 那么, 我们应该用何种方法将目标向量 $\mathbf{x}_0$ 从 S_0 中挑选出来?

注意, 我们知道 $\mathbf{x}_0$ 中非 0 元素数目不超过 1, 也就是 $\mathbf{x}_0$ 位于如下集合中

$$\Sigma_3^1 := \{\mathbf{x} \in \mathbb{R}^3 : \|\mathbf{x}\|_0 \leqslant 1\}.$$

也就是说, Σ_3^1 包含的是非 0 元素数目不超过 1 的 3 维向量. 这里, 我们用下标 3 表示向量的维数, 用上标 1 表示其中非 0 元素数目的上界.

综合上面的结果, 我们知道

$$\mathbf{x}_0 \in S_0 \cap \Sigma_3^1.$$

注意到 $S_0 \cap \Sigma_3^1$ 中仅有一个向量 $(1,0,0)^{\mathrm{T}}$, 我们自然可得到目标向量 $\mathbf{x}_0 = (1,0,0)^{\mathrm{T}}$.

在上面的过程中, 我们只用了 2 个观测量, 即重建了一个 3 维向量. 其中, 关键是利用到了 $\mathbf{x}_0$ 中非 0 元素数目不超过 1 这样一个信息. 虽然在这个过程中, 我们事先取定了 $\mathbf{x}_0 = (1,0,0)^{\mathrm{T}}$. 但不难验证, 对于任何非 0 元素数目不超过 1 的 3 维向量, 均可通过上述方法用 2 个观测数据重建.

我们前面采用了一个特定的观测矩阵 $A \in \mathbb{R}^{2\times 3}$ (其定义在式 (1)) . 那么, 我们采用的这个矩阵是否具有特殊性? 或者说, 我们随意换一个 2×3 的矩阵, 是否仍然能得到上面的结果?

我们考虑如下的矩阵

$$A' = \begin{pmatrix} 1 & 1 & 0 \\ 1 & 1 & 1 \end{pmatrix};$$

令 $\mathbf{x}_0' := (0,1,0)^{\mathrm{T}}$. 则 $A'\mathbf{x}_0' = \begin{pmatrix} 1 \\ 1 \end{pmatrix}$. 根据我们已知的如下信息, 能否重建 $\mathbf{x}_0'$?

1. $\mathbf{x}_0' \in \mathbb{R}^3$ 且 $\mathbf{x}_0'$ 中非 0 元素数目不超过 1;
2. 观测矩阵

$$A' = \begin{pmatrix} 1 & 1 & 0 \\ 1 & 1 & 1 \end{pmatrix};$$

3. 观测向量

$$A'\mathbf{x}_0' = \begin{pmatrix} 1 \\ 1 \end{pmatrix}.$$

利用上述方法, 我们令

$$S_0' := \{(1+\eta, -\eta, 0)^{\mathrm{T}} : \eta \in \mathbb{R}\}.$$

那么, $\mathbf{z} \in \mathbb{R}^3$ 满足

$$A'\mathbf{z} = \begin{pmatrix} 1 \\ 1 \end{pmatrix}.$$

当且仅当 $\mathbf{z} \in S_0'$. 因而, 我们有 $\mathbf{x}_0' \in S_0'$.

我们希望从 S_0' 挑选非 0 元素数目不超过 1 的向量. 注意到, 当我们取 $\eta = 0$ 或 $\eta = -1$ 时, $(1+\eta, -\eta, 0)^{\mathrm{T}}$ 中非 0 元素数目均不超过 1, 因而, 我们可得到

$$S_0' \cap \Sigma_3^1 = \left\{ \begin{pmatrix} 1 \\ 0 \\ 0 \end{pmatrix}, \begin{pmatrix} 0 \\ 1 \\ 0 \end{pmatrix} \right\}.$$

注意到 $S_0'\cap\Sigma_3^1$ 中含有两个元素. 因而, 我们最终只能得到 $\mathbf{x}_0'$ 是 $(1,0,0)^{\mathrm{T}}$ 或者 $(0,1,0)^{\mathrm{T}}$, 而不能唯一重建出 $\mathbf{x}_0'$.

这说明如果希望通过 2 个观测重建出 Σ_3^1 中的向量, 我们也需要仔细选择观测矩阵.

4.4.2 至少需要多少个观测

上节中的例子说明可以利用信号的稀疏特征降低观测次数, 但需要仔细选择观测矩阵. 人们自然关心如下问题:

1. 矩阵 $A\in\mathbb{R}^{m\times d}$ 满足什么条件, 人们可通过 $A\mathbf{x}$ 恢复任意 $\mathbf{x}\in\Sigma_d^k$?
2. 恢复任意 $\mathbf{x}\in\Sigma_d^k$, 所需最少观测次数 m 为多少?

注意, 这里我们用符号 Σ_d^k 表示 $\mathbb{R}^d$ 中非 0 元素数目不超过 k 的向量集合. 我们用如下定理描述对上述问题 1 的回答, 读者也可跳过其证明, 这并不影响后边的理解.

定理 4.1. 假设 $k\leqslant d/2$. 那么, 可通过 $A\mathbf{x}$ 重建任意 $\mathbf{x}\in\Sigma_d^k$ 的充要条件是矩阵 $A\in\mathbb{R}^{m\times d}$ 中任取 $2k$ 列均线性独立.

证明 我们假设可通过 $A\mathbf{x}$ 重建任意的 $\mathbf{x}\in\Sigma_d^k$. 我们用反证法证明 A 中任取 $2k$ 列线性独立.

假设 A 中存在 $2k$ 列线性相关. 我们不妨假设前 $2k$ 列线性相关. 我们用 $\mathbf{a}_1,\cdots,\mathbf{a}_{2k}\in\mathbb{R}^m$ 表示这 $2k$ 个列, 那么, 存在不全为零的实数 $\lambda_1,\lambda_2,\cdots,\lambda_{2k}$ 使得

$$\lambda_1\mathbf{a}_1+\lambda_2\mathbf{a}_2+\cdots+\lambda_{2k}\mathbf{a}_{2k}=0.$$

令

$$\mathbf{x}_0:=(\lambda_1,\cdots,\lambda_k,\underbrace{0,\cdots,0}_{d-k})^{\mathrm{T}}\in\mathbb{R}^d,$$

$$\mathbf{y}_0:=(\underbrace{0,\cdots,0}_{k},-\lambda_{k+1},\cdots,-\lambda_{2k},\underbrace{0,\cdots,0}_{d-2k})^{\mathrm{T}}\in\mathbb{R}^d.$$

那么, $A(\mathbf{x}_0-\mathbf{y}_0)=0$, 也就是 $A\mathbf{x}_0=A\mathbf{y}_0$. 注意到 $\mathbf{x}_0$ 和 $\mathbf{y}_0$ 均属于集合 Σ_d^k. 因而, 无法通过 $A\mathbf{x}_0$ 重建 $\mathbf{x}_0\in\Sigma_d^k$. 这与最开始的假设矛盾. 因而, 矩阵 A 中任取 $2k$ 列线性独立.

我们假设 A 中任意 $2k$ 列都线性独立. 我们亦采用反证法证明可通过 $A\mathbf{x}$ 恢复任意的 $\mathbf{x}\in\Sigma_d^k$. 假设存在一个 $\mathbf{x}_0\in\Sigma_d^k$, 从而不能通过 $A\mathbf{x}_0$ 重建 $\mathbf{x}_0$. 也就是, 存在一个 $\mathbf{y}_0\in\Sigma_d^k\setminus\{\mathbf{x}_0\}$ 使得 $A\mathbf{x}_0=A\mathbf{y}_0$. 根据 $A\mathbf{x}_0=A\mathbf{y}_0$ 我们可有 $A(\mathbf{x}_0-\mathbf{y}_0)=0$. 而且 $\mathbf{x}_0-\mathbf{y}_0$ 中非 0 元素数目不超过 $2k$ 个. 因而, 与 $\mathbf{x}_0-\mathbf{y}_0$ 支集对应的列向量线性相关. 这与假设矛盾. 因而, 可通过 $A\mathbf{x}$ 恢复任意的 $\mathbf{x}\in\Sigma_d^k$. 证毕.

根据上述定理, 为通过 $A\mathbf{x}$ 恢复任意的 $\mathbf{x}\in\Sigma_d^k$, 需要求 $A\in\mathbb{R}^{m\times d}$ 中任 $2k$ 列线性独立. 那么, m 至少为多少才能存在矩阵 $A\in\mathbb{R}^{m\times d}$ 使得该性质成立?

一个简单的观察是: 为保证 A 中任 $2k$ 列线性独立, 我们需要求 $m\geqslant 2k$. 那么, 我们能取 m 为 $2k$ 吗? 幸运的是, 的确存在大量的 $m\times d$ 矩阵, 使得任取 m 列均线性独立.

例如, 我们可取矩阵 A 为如下的范德蒙德矩阵:

$$\begin{pmatrix} 1 & 1 & \cdots & 1 \\ x_1 & x_2 & \cdots & x_d \\ \vdots & \vdots & & \vdots \\ x_1^{m-1} & x_2^{m-1} & \cdots & x_d^{m-1} \end{pmatrix},$$

这里, $x_1,\cdots,x_d\in\mathbb{R}$ 两两不同. 根据范德蒙德矩阵的性质, A 中任取 m 列均线性独立. 事实上, 这样的矩阵大量存在. 例如, 我们取 $A\in\mathbb{R}^{m\times d}$ 为高斯随机矩阵, A 概率为 1 地满足这个性质: 任取 m 列均线性独立.

范德蒙德矩阵是以法国同名数学家的名字命名的. 范德蒙德出生于 1735 年, 生于巴黎, 逝于巴黎, 是一位音乐学家、数学家以及化学家. 范德蒙德 35 岁时才从小提琴家转而从事数学研究工作, 并因在矩阵理论、组合数学的工作而留名于世. 范德蒙德的经历生动说明了热爱一项事业, 什么时候开始都不算晚.

我们再回到我们的问题. 根据如上所述, 为恢复非 0 元素数目不超过 k 的 d 维向量, 我们所需的最少观测次数是 $\min\{2k,d\}$. 这里 $\min\{2k,d\}$ 表示在 $2k$ 和 d 中取较小的数字. 确实, 当 $k \leqslant d/2$ 时, 根据如上描述可知, 可取的最少观测次数为 $2k$. 当 $k \geqslant d/2$ 时, 我们有 $2k \geqslant d$. 但我们可用 d 次观测恢复任意的 d-维向量. 因而, 最少观测次数可取为 $\min\{2k,d\}$.

4.5 画饼能充饥吗?

根据上节所述, 如果对信号的稀疏性有一些先验的信息, 可以采用少于信号的维数的观测次数恢复原信号. 然而, 这个结果只是告诉了我们理论上的可能性, 并没有给出如何重建原信号的方法. 在计算中, 我们又该如何重建原信号?

假设我们感兴趣的信号是 $\mathbf{x}_0 \in \Sigma_d^k$. 又假设我们能拿到的信息是 $\mathbf{y} = A\mathbf{x}_0 \in \mathbb{R}^m$, 这里 $A \in \mathbb{R}^{m\times d}$ 是一个已知的矩阵. 一个自然的重建方法是求解如下模型:

$$\underset{\mathbf{x}\in\mathbb{R}^d}{\operatorname{argmin}} \|\mathbf{x}\|_0 \quad \text{使得} \quad A\mathbf{x} = \mathbf{y}, \tag{4}$$

这里, $\|\mathbf{x}\|_0$ 表示非 0 元素的数目, 也称为 $\mathbf{x}$ 的 ℓ_0-范数, $\underset{\mathbf{x}\in\mathbb{R}^d}{\operatorname{argmin}} \|\mathbf{x}\|_0$ 含义是找出使得 $\|\mathbf{x}\|_0$ 达到最小的 $\mathbf{x}$.

该模型实质上是从线性方程组 $A\mathbf{x} = \mathbf{y}$ 的解中选取非 0 元素数目最少的向量. 其背后的原因是: 我们知道 $\mathbf{x}_0$ 是线性方程组 $A\mathbf{x} = \mathbf{y}$ 的一个解, 但线性方程组 $A\mathbf{x} = \mathbf{y}$ 的解有无数个, 我们利用 $\mathbf{x}_0$ 非 0 元素数目较少的特征, 在这无数解中, 去挑选非 0 元素数目最少的解.

事实上, 这种采用特征来寻找目标的方式, 我们生活中也是经常遇到的. 例如: 我们要在教室里边找一个学生高欧, 我们知道该生具有两个特征: 一是现在在这个教室里边; 二是身高明显高于其他同学. 如果

教室里边只有一个学生 (解唯一), 该生一定是高欧. 如果教室里边学生人数超过 1 个, 我们就挑选最高的学生. 在一定条件下 (如教室中除高欧之外的学生身高均不超过全校同学身高的平均值), 挑选出来学生的一定是高欧.

如同上节所述, 如果矩阵 A 满足任 $2k$ 列线性独立, 则 (4) 的解为 $\mathbf{x}_0$. 那么, 只需求解 (4) 即可恢复信号 $\mathbf{x}_0$.

一个简单的求解模型 (4) 的方法为穷举矩阵 A 中所有 k 列, 然后对每个固定的 k 列求解 $2k \times k$ 的线性方程组 $A_S\mathbf{z} = \mathbf{y}$, 若方程组有解, 即可得到原信号 $\mathbf{x}_0$, 否则继续考虑另一个 k 列. 这里,$S \subset \{1, \cdots, d\}$ 且 S 中元素个数为 k, A_S 则表示将 A 中对应于指标 S 的列挑选出来所形成的子矩阵.

如果 $d = 256^2$, 非 0 元素数目 $k = 10$, 那么, 我们需要考虑的线性方程组个数为 $\begin{pmatrix} 256^2 \\ 10 \end{pmatrix} \approx 4.02 \times 10^{41}$, 这是一个庞大的数字. 按照现在普通计算机的求解速度, 1 秒钟约求解 10^5 个这种线性方程组, 那么, 如果穷举完所有线性方程组, 所需的时间约为 1.28×10^{29} 年, 而地球的年龄大约只有 4.6×10^9 年.

也就是说, 虽然在理论上可利用 $2k$ 次观测, 通过求解 (4) 恢复 $\mathbf{x}_0 \in \Sigma_d^k$. 然而, 即使恢复一个普通尺寸大小, 也就是 256×256 的图像, 且图像在经过某种变换后只有 $k = 10$ 个非 0 元素, 通过穷举法进行恢复所需的时间也是个天文数字.

事实上, 对任意的矩阵 A, 求解 (4) 是一个 NP 困难问题. 如果读者对 “NP 困难问题” 的概念不太熟悉, 也不用担心, 这只是说明现在人们还没有有效的算法对 (4) 进行求解. 也就是说, 虽然理论上可以通过求解 (4) 恢复稀疏信号, 但如果观测次数 $m = 2k$, 其求解所需时间太长. 因而, 这个看起来很好的模型 (4), 只是一个画饼.

画饼当然是不能充饥的, 但我们也许可以依据它做一个可以食用的.

4.6 从 0 到 1 的跳跃

如上节所述, 人们现在还不能找到有效的算法对 (4) 进行求解.

但如果矩阵 A 具有某些良好的性质, 还是有可能找到有效的算法对 (4) 求解. 例如, 如果取 $A \in \mathbb{R}^{d\times d}$ 为非奇异方阵, 则 (4) 的解为 $A^{-1}\mathbf{y}$, 而矩阵求逆则有有效算法. 当然, 这种选取矩阵的方式对我们来说没有意义, 因为观测次数仍然为 d, 而我们的目的是利用信号的稀疏性, 显著降低观测次数. 但这个极端的例子说明: 如果对矩阵 A 做合适的选择, 还是有可能设计有效的算法对 (4) 求解.

一种常用的对 (4) 进行求解的方式是将目标函数中的 $\|\mathbf{x}\|_0$ 替换为 $\|\mathbf{x}\|_1$, 这里 $\|\mathbf{x}\|_1$ 是 $\mathbf{x}$ 的 ℓ_1-范数, 也就是 $\mathbf{x}$ 中各个元素绝对值和. 就是说, 我们考虑如下模型:

$$\underset{\mathbf{x}\in\mathbb{R}^d}{\operatorname{argmin}} \|\mathbf{x}\|_1 \quad \text{s.t.} \quad A\mathbf{x} = \mathbf{y}. \tag{5}$$

下面的示意图直观上解释了为什么用 ℓ_1 最小能得到稀疏解 (图 5).

图 5 中直线表示解集 $\{\mathbf{x} : A\mathbf{x} = \mathbf{y}\}$, 半径为 $r > 0$ 的 ℓ_1 球, 也就是集合 $\{\mathbf{x} : \|\mathbf{x}\|_1 = r\}$, 可用一个旋转后的正方形表示. 我们考虑 $\{\mathbf{x} : A\mathbf{x} = \mathbf{y}\}$ 与尽量小的 ℓ_1 球的交点, 该交点通常落在 ℓ_1 球的顶点上, 也就是坐标轴上的一点. 而坐标轴上的点通常很多分量为 0.

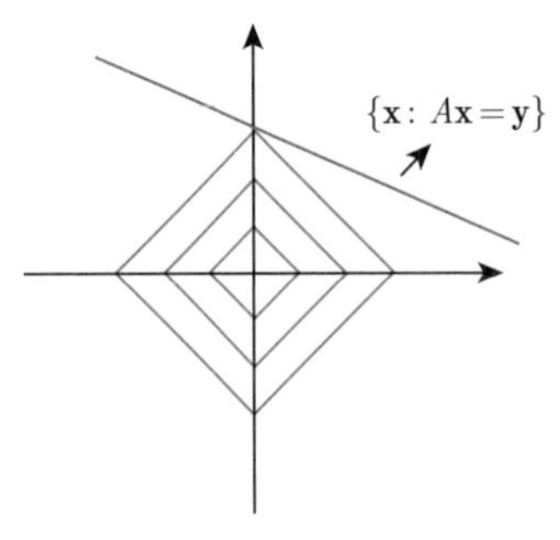

图 5　$A\mathbf{x} = \mathbf{y}$ 的解集与 ℓ_1 球的交点通常位于坐标轴上

由于 $\|\mathbf{x}\|_1$ 是关于 $\mathbf{x}$ 的凸函数, 因而, 人们可设计有效的算法对 (5) 进行求解. 一种常用的方法是将 (5) 转换为一个线性规划问题.

人们自然提出如下问题:

矩阵 A 满足什么条件, (5) 的解才能与 (4) 的解一致?

4.6.1 同一个例子

在思考这个问题之前, 我们先看一个简单的例子. 这可以让我们相信, 对一些满足特定性质的矩阵 A, (5) 的解与 (4) 的解一致. 我们还是考虑 4.4.1节中的例子. 在 4.4.1节中, 我们已经采用模型 (4) 对该例中的信号 $\mathbf{x}_0 = (1, 0, 0)^{\mathrm{T}}$ 进行了恢复.

在该例中, 观测矩阵在 (1) 中给出, 目标信号 $\mathbf{x}_0 = (1, 0, 0)^{\mathrm{T}}$. 我们所得到的观测是 $\mathbf{y} = A\mathbf{x}_0 \in \mathbb{R}^2$ (见 (2)). 那么, $A\mathbf{x} = \mathbf{y}$ 的解集是

$$S_0 \ := \ \{(\eta, 1-\eta, 1-\eta)^{\mathrm{T}} : \eta \in \mathbb{R}\}$$

通过利用 1-范数最小模型 (5) 恢复 $\mathbf{x}_0$, 就是在 S_0 中挑选 1-范数最小的元素, 也就是求解:

$$\underset{\eta\in\mathbb{R}}{\operatorname{argmin}} \ |\eta| + |1-\eta| + |1-\eta|. \tag{6}$$

可用分片讨论的方法得到 (6) 的解为 $\eta = 1$. 将 $\eta = 1$ 代入 $(\eta, 1-\eta, 1-\eta)^{\mathrm{T}}$ 得到向量 $(1, 0, 0)^{\mathrm{T}}$. 这就是我们的目标向量 $\mathbf{x}_0$.

4.6.2 前景与背景

上面的例子说明, 如果矩阵 A 满足一些特定的性质, (5) 与 (4) 的解相同. 那么, 矩阵 A 需要满足什么性质, 才能保证 (5) 与 (4) 的解相同? 我们将在这一小节里详细探讨这一问题.

注意到, (5) 是从线性方程组 $A\mathbf{x} = \mathbf{y}$ 的解集中挑选 1-范数最小的元素. 根据线性代数知识可知, $A\mathbf{x} = \mathbf{y}$ 的解集为 $\mathbf{x}_0 + \mathcal{N}(A)$, 这里, 我

们用 $\mathcal{N}(A)$ 表示矩阵 A 的零空间, 也就是 $\mathcal{N}(A) := \{\mathbf{x} \in \mathbb{R}^d : A\mathbf{x} = \mathbf{0}\}$, 用 $\mathbf{x}_0 + \mathcal{N}(A)$ 表示 $\mathbf{x}_0$ 与集合 $\mathcal{N}(A)$ 中的每个元素相加所形成的集合.

那么, $\mathcal{N}(A)$ 满足什么样的条件, 才能使得我们从集合 $\mathbf{x}_0 + \mathcal{N}(A)$ 中按照 1-范数最小的标准挑选出来的刚好是 $\mathbf{x}_0$. 因为 $\mathcal{N}(A)$ 中含有 0 向量, 因而 $\mathbf{x}_0$ 也是 $\mathbf{x}_0 + \mathcal{N}(A)$ 中的一个元素. 那么, 如何才能让 $\mathbf{x}_0$ 在这个大家庭中显而易见, 脱颖而出?

生活经验告诉我们, 如果一个人想在人群中被明显看到, 一个简单的方法是穿着与周围人明显不同的服装. 例如, 在一群穿黑色衣服的人中间, 一个穿白衣的人就会很突出. 那么, 当我们将 $\mathbf{x}_0$ 叠加上 $\mathcal{N}(A)$ 时, 我们自然希望 $\mathcal{N}(A)$ 中的元素的性质与 $\mathbf{x}_0$ 有着显著区别. 这样我们就容易挑选出 $\mathbf{x}_0$. 因为 $\mathbf{x}_0$ 的主要特征是稀疏性, 也就是其中的非 0 元素数目不超过 k. 自然地, 我们希望 $\mathcal{N}(A)$ 远离稀疏性.

下面的定理将这种直观的想法进行了量化. 我们称矩阵 A 满足 **k-阶零空间性质**, 倘若对任意非 0 的 $\eta = (\eta_1, \cdots, \eta_d) \in \mathcal{N}(A)$, 都有

$$\sum_{j\in T} |\eta_j| < \sum_{j\in T^c} |\eta_j|, \quad \text{对任意的 } T \subset \{1, \cdots, m\}, \quad \#T \leqslant k. \tag{7}$$

这里, 我们用 T^c 表示 T 的补集, 也就是 $T^c := \{1, \cdots, d\} \setminus T$. 因而, 我们有如下定理 (参考 [7]).

定理 4.2. 下面两个描述等价:

1. 对任意的 $\mathbf{x}_0 \in \Sigma_d^k$,

$$\underset{\mathbf{x}\in\mathbb{R}^d}{\operatorname{argmin}}\{\|\mathbf{x}\|_1 : A\mathbf{x} = A\mathbf{x}_0\} = \mathbf{x}_0. \tag{8}$$

2. 矩阵 $A \in \mathbb{R}^{m\times d}$ 满足 k-阶零空间性质.

证明 我们首先假设 (8) 成立, 证明 A 满足 k-阶零空间性质.

假设 $\eta \in \mathcal{N}(A) \setminus \{0\}$. 因而, $A\eta = 0$. 假设 $T \subset \{1, \cdots, m\}$ 且 $\#T \leqslant k$. 那么, $A\eta_T = A(-\eta_{T^c})$, 此处, 我们用 T^c 表示 T 的补集, 且

$$(\eta_T)_j := \begin{cases} \eta_j, & j \in T, \\ 0 & j \notin T. \end{cases}$$

因为 $\eta_T \in \Sigma_d^k$, 我们有 $\underset{\mathbf{x}\in\mathbb{R}^d}{\operatorname{argmin}}\{\|\mathbf{x}\|_1 : A\mathbf{x} = A\eta_T\} = \eta_T$. 因而, $\|\eta_T\|_1 < \|-\eta_{T^c}\|_1 = \|\eta_{T^c}\|_1$. 也就是说, A 满足 k-阶零空间性质.

下面我们假设矩阵 A 满足 k-阶零空间性质, 证明 (8) 成立.

我们采用反证法. 假设存在一个 $\mathbf{x}_0 \in \Sigma_d^k$ 使得 $\underset{\mathbf{x}\in\mathbb{R}^d}{\operatorname{argmin}}\{\|\mathbf{x}\|_1 : A\mathbf{x} = A\mathbf{x}_0\} = \mathbf{y}_0$, 且 $\mathbf{y}_0 \neq \mathbf{x}_0$. 令 $\eta_0 := \mathbf{x}_0 - \mathbf{y}_0$. 那么, $\eta_0 \in \mathcal{N}(A)$ 且 $\|\mathbf{y}_0\|_1 < \|\mathbf{x}_0\|_1$. 假设 $\mathbf{x}_0$ 的支集为 T_0, 那么, T_0 满足 $\#T_0 \leqslant k$. 考虑

$$\|(\eta_0)_{T_0}\|_1 = \|\mathbf{x}_0 - (\mathbf{y}_0)_{T_0}\|_1 > \|(\mathbf{y}_0)_{T_0^c}\|_1 = \|(\eta_0)_{T_0^c}\|_1,$$

这与矩阵 A 满足 k-阶零空间性质矛盾. 证毕.

直观上说, 矩阵 A 满足 k-阶零空间性质就是对任意非 0 的 $\eta \in \mathcal{N}(A)$, 其中不存在 k 个元素, 其绝对值明显大于其他的元素. 也就是说, $\mathcal{N}(A)$ 中的元素明显远离 k-稀疏. 当我们将 k-稀疏的 $\mathbf{x}_0$ 置身于 $\mathcal{N}(A)$ 中时, 如同将一个穿白衣的人置身于一个黑色背景中, 自然很容易被选中.

4.6.3 如何做一块幕布

如前所述, 为了保证可用模型 (5) 恢复任意 $\mathbf{x}_0 \in \Sigma_d^k$, 我们需要设计矩阵 A 使其满足 k-阶零空间性质, 换句话说, 我们希望制作一个合适的背景 $\mathcal{N}(A)$.

为此, 人们提出了 RIP 矩阵的定义 (参考 [2, 5]). RIP 是英文 Restricted Isometry Property 的首字母组合, 含义是受限等距性质.

我们说矩阵 A 满足 k-阶 RIP 条件, 是指存在常数 $\delta_k \in [0,1)$ 使得下式成立:

$$(1-\delta_k)\|\mathbf{x}\|_2^2 \leqslant \|A\mathbf{x}\|_2^2 \leqslant (1+\delta_k)\|\mathbf{x}\|_2^2, \quad 对任意 \quad \mathbf{x} \in \Sigma_d^k. \tag{9}$$

在实际计算中, 标准正交矩阵具有良好的性质. 如果矩阵 A 是方阵, 且是标准正交的, 那么对任意 $\mathbf{x} \in \mathbb{R}^d$, 我们有 $\|A\mathbf{x}\|_2^2 = \|\mathbf{x}\|_2^2$.

但我们希望矩阵是“扁”的, 也就不可能对任意 $\mathbf{x} \in \mathbb{R}^d$ 都会有 $\|A\mathbf{x}\|_2^2 = \|\mathbf{x}\|_2^2$. 而 RIP 条件放松了这个要求, 只要求对所有 k-稀疏 $\mathbf{x}$, 矩阵 A 满足 $\|A\mathbf{x}\|_2^2 \approx \|\mathbf{x}\|_2^2$. 常数 δ_k 则刻画了这种近似程度.

确实, δ_k 越接近于 0, 则矩阵 A 性质越好, 但同时行数 m 也就越大. 人们针对 δ_k 给出了各种充分条件, 如 $\delta_k < 1/3$, 以保证可用 ℓ_1 最小, 也就是求解模型 (5), 重建任意 $\mathbf{x}_0 \in \Sigma_d^k$ (参考 [2]).

上述结果表明, 如果希望构造矩阵 A 以使其满足 k-阶零空间性质, 那么, 可以考虑构造矩阵 A 满足 RIP 条件 (9). 这种方法无需考虑矩阵零空间中的元素, 而只需考虑矩阵作为一个算子所具有的性质, 这给出了构造满足零空间性质的可行途径.

4.7 随机的威力

根据上面的描述, 为了构造矩阵 A 满足零空间性质 (5), 我们可考虑构造矩阵 A 满足 RIP 条件 (9). 当然, 如果我们对矩阵 $A \in \mathbb{R}^{m\times d}$ 不加其他的要求, 这并不是一件困难的事情, 我们只要要求 A 是一个标准正交矩阵就可以. 但是, 如同前面所说, 我们希望矩阵 A 尽量“扁”, 也就是说, 在给定 δ_k 的情况下, 我们希望对尽量小的 m 构造矩阵 $A \in \mathbb{R}^{m\times d}$ 使其满足 (9). 因而, 我们面临的问题是:

给定 $\delta_k \in (0,1)$, 对尽量小的 m, 构造矩阵 $A \in \mathbb{R}^{m\times d}$ 使其满足常数为 δ_k 的 k-阶 RIP 条件.

我们先说结论: 如果矩阵 $A \in \mathbb{R}^{m\times d}$ 满足常数为 δ_k 的 k-阶 RIP 条件, 那么观测次数 m 至少为 $O\left(\frac{k\log(ed/k)}{\delta_k^2}\right)$. 目前, 如果要求 $m = O\left(\frac{k\log(ed/k)}{\delta_k^2}\right)$, 人们仍然不能确定性构造满足 k-阶 RIP 条件的矩阵 $A \in \mathbb{R}^{m\times d}$, 但可以通过随机的方法构造出这样的矩阵.

我们先看观测次数 $m = O\left(\frac{k\log(ed/k)}{\delta_k^2}\right)$. 这个观测次数说明, 如

果我们希望通过 ℓ_1 最小模型 (5) 重建 k-稀疏向量, 我们需要的观测次数要多于 $2k$, 而且观测次数依赖于信号的维数 d, 好在这种依赖是温和的, 也就是说, 观测次数依赖的是 $\log d$, 这显著降低 d 的影响.

回忆一下: 如果通过 ℓ_0 最小模型恢复 k-稀疏向量, 所需的最小观测次数是 $2k$. 也就是说, 虽然我们可采用 ℓ_1 最小模型 (5) 有效恢复 k-稀疏信号, 但我们需要在观测次数上做出些许让步.

我们再来看如何构造矩阵 A. 正如我们上面所说, 我们目前仍然无法通过确定性的方法构造出满意的 k-阶 RIP 矩阵. 但是, 当我们用一些随机方法产生矩阵 $A \in \mathbb{R}^{m\times d}$, 却可以证明 A 大概率满足 k-阶 RIP 条件. 这给我们一种 RIP 矩阵无处不在、唾手可得的感觉, 但我们却又无法确定性地拿出一个.

这种随机选择一个目标对象, 就能大概率满足我们的需求, 也在现实生活中经常遇到. 例如, 我们经常听到 "择日不如撞日", 这可能是人们在大量的日常生活中发现, 精心选择日期开展某项活动, 却可能会因为各种意外而不能如期举行, 随机选择一个日子却大概率能够成功.

这种现象在数学中多个不同领域均会遇到, 我们列举几例: 在数轴上, 几乎所有实数都是超越数, 但确定性构造和证明一个数字是超越数却十分困难; 在图论中, 随机正则图以大概率是弱拉马努金图, 但确定性构造这样的图亦不容易; 在数据科学中, 可以采用随机矩阵与数据相乘的方法对高维数据降维, 同时保持距离近似不变, 但却难以确定性构造出这种降维矩阵. 这种现象在多个不同数学领域中都会遇到, 说明随机在一些情况下会产生良好的结果.

在构造 RIP 矩阵中, 我们也遇到了类似的问题. 如果矩阵 $A \in \mathbb{R}^{m\times d}$ 是一些特定类型的随机矩阵, 如高斯随机矩阵、伯努利随机矩阵等, 则在 $m = O(k\log(ed/k))$ 的观测次数下, A 高概率满足 k-阶 RIP 性质 (参考 [3]).

这里, 所谓高斯随机矩阵是指矩阵 $A = (a_{j,t})_{\substack{j=1,\cdots,m;\\ t=1,\cdots,d}}$ 中每个元素 $a_{j,t}$ 都是独立的随机变量且 $a_{j,t} \sim \mathcal{N}(0, 1/\sqrt{m})$; 伯努利随机矩阵则是指每个

元素 $a_{j,t}$ 都是独立的, 且取值 $1/\sqrt{m}$ 与 $-1/\sqrt{m}$ 的概率均为 1/2. 而另一类常用的随机矩阵是随机傅里叶矩阵, 也就是从 $d \times d$ 的离散傅里叶矩阵中随机选择 m 行所形成的矩阵. 随机傅里叶矩阵的分析相对于前两种难度更大些, 现在可以证明在 $m = O(k \log^2 k \log d)$ 的观测下, 随机傅里叶矩阵高概率满足 k-阶 RIP 条件.

这从中也可以看出, 如果我们采用随机矩阵作为观测矩阵, 那么就可以通过求解 ℓ_1 范数最小模型恢复 k-稀疏信号. 而且, 如果利用 ℓ_1 范数最小恢复 k-稀疏信号, 采用随机矩阵的观测次数接近最优. 这也许就是随机的威力!

4.8 再看一个例子

下面再看一个数值例子.

图 6 中的左图是一个 256×256 图像, 其矩阵记为 $I \in \mathbb{R}^{256\times256}$, 对其进行离散傅里叶变换后得到 $\hat{I} \in \mathbb{C}^{256\times256}$. 我们在 256×256 点集中随机选择 20% 的点, 其组成的集合记为 Ω. 我们用 $\hat{I}_\Omega$ 表示 $\hat{I}$ 在 Ω 上的值所形成的向量. 那么, 我们只用这 20% 的随机信息即可近似重建 I. 我们选择如下重建模型:

$$\min_{\mathbf{x}\in\mathbb{R}^{256\times256}} \|\mathbf{x}\|_{TV} \quad \text{æ} \quad F_\Omega \mathbf{x} = \hat{I}_\Omega.$$

上面模型中的 $\|\cdot\|_{TV}$ 范数是每个像素点的像素值与相邻像素点的像素值之差的绝对值和, 也可看作是一种对 $\mathbf{x}$ 变换后的 ℓ_1 范数, 图 6 中的右图为重建结果. 从中可以看出, 虽然只用了 20% 的信息, 但依然可以对 I 进行令人满意的重建.

在图 2 的数值处理中, 我们提到只用了 6% 的离散傅里叶变换值即可对图像进行高质量重建. 那么, 为何在图 6 的数值实验中需要用到 20%? 事实上, 图 2 是从离散傅里叶变换中选择了绝对值最大的 6% , 也就是选择了最重要的 6% 离散傅里叶变换值. 为了选择出这 6% 的离散

傅里叶变换值, 我们需要知道全部离散傅里叶变换值. 但对于图 6 的重建, 我们只是随机选择了其中的 20%, 并不需要知道全部离散傅里叶变换值.

图 6　通过 20% 随机选择的离散傅里叶变换, 利用模型进行重建. 左图为原图, 右图为重建之后的图

4.9 一点补充

本文主要介绍了压缩感知最基本的数学原理. 当然, 压缩感知仍有丰富的研究内容, 由于篇幅原因, 我们仅简单列举几例. 本文中主要介绍了信号本身是稀疏情形时, 如何对其进行观测和重建, 然而, 很多信号通常具有近似稀疏的特征, 本文结果亦可扩展到此种情形 (参考 [4]).

观测矩阵的构造是压缩感知的核心研究问题之一, 其研究也涉及了多个不同的数学领域, 如数论、组合、有限域等, 目前仍然是一个活跃的研究课题 (参考 [9]).

此外, 对于重建方法, 除了本文介绍的 ℓ_1 模型之外, 人们也发展了多种类型的算法, 如各种类型的贪婪算法等. 应用方面, 多个不同领域的人也将压缩感知用于相关的应用问题, 例如: 除前面提到的医学成像、天文观测等, 人们也将其用于面部识别、地震成像、信号源定位等各种与数据相关的应用问题, 并取得显著成效. 总之, 压缩感知是数学理论用于指导工程实践的成功案例, 是数学与工程完美结合的典范. 压缩感知中仍然有多个理论基础尚未解决, 相信其在未来很长的时间里仍继续保持活力和魅力.

致谢

席南华院士多次认真阅读全文, 并给出了十分具体、细致的建议, 从而显著提高了文章的质量. 在此表示感谢!

参考文献

[1] 许志强. 压缩感知. 中国科学: 数学, 2012, 421(9): 865-877.

[2] Candès E J, Romberg J, Tao T. Stable signal recovery from incomplete and inaccurate measurements. Comm. Pure Appl. Math., 2006, 59(8): 1207-1223.

[3] Candès E J, Tao T. Near-optimal signal recovery from random projections and universal encoding strategies. IEEE Transactions on Information Theory, 2006, 52: 5406-5425.

[4] Cohen A, Dahmen W, DeVore R. Compressed sensing and best k-term approximation. Journal of the American Mathematical Society, 2009, 22(1): 211-231.

[5] Donoho D. Compressed sensing. IEEE Transactions on Information Theory, 2006, 52(4): 1289-1306.

[6] Heideman M T, Johnson D H, Burrus C S. Gauss and the history of the fast Fourier transform. IEEE ASSP Magazine,1984, 1(4): 14-21.

[7] Pinkus A. On L1-Approximation. Cambridge Tracts in Mathematics 93. Cambridge: Cambridge University Press, 1989.

[8] Strang G. Wavelets. American Scientist, 1994, 82(3): 250-255.

[9] Xu G, Xu Z. Compressed sensing matrices from Fourier matrices. IEEE Transactions on Information Theory, 2015, 61: 469-478.

5 辗转相除法——算法的祖先

陈绍示

算法对我们的生活有巨大的影响, 在手机通信、开车导航、网络购物等给我们带来巨大便利的背后, 都有算法在里面发挥着巨大的作用. 算法并不是今天的信息时代才有的, 两千多年前发现的辗转相除法就是一个了不起的算法, 它可以说是最古老的不平凡算法, 是所有算法的祖先. 这个算法同时被记载在古希腊《几何原本》与我国古代《九章算术》里, 分别被后世称为“欧几里得算法”与“更相减损术”. 虽说辗转相除法在两千多年前就已经有了, 但它的丰富内涵在今天依然很有启示, 对它的研究仍在继续. 我们将通过讨论辗转相除法及其发展来理解算法的价值和美.

5.1 辗转相除法

求两个整数的最大公约数对小学生来说都是一件容易明白的事情, 比如 12 与 18 的公约数是 1, 2, 3, 6, 最大的公约数是 6, 这是小学生也会做的题目. 而对 681414 与 52572, 该怎样求它们的最大公约数呢?

如果我们能把这些大整数分解成更小的数的乘积, 求它们的最大公约数就会变得比较简单, 如果能把它们分解成素数 (也称为质数) 的乘

积, 那立即就能得到它们的最大公约数就是它们共同的素因子的乘积. 比如, 从 $24 = 2 \times 2 \times 2 \times 3$ 和 $36 = 2 \times 2 \times 3 \times 3$ 立即可以知道它们的最大公约数是 $2 \times 2 \times 3 = 12$.

不幸的是, 把一个大整数分解成素数的乘积是很困难的事情. 但这个困难也有正面的意义, 它被用于设计密码, 为我们在网上消费、个人信息存储与传输等提供安全保障.

当两个整数很大时, 求它们的最大公约数看来是不简单的问题. 但事实上, 我们不用把整数分解成素数的乘积, 也能求出两个整数的最大公约数, 这里的妙计就是辗转相除法. 以刚才的两个数 681414 与 52572 为例, 辗转相除法的过程是

$$681414 = 12 \times 52572 + 50550,$$

$$52572 = 1 \times 50550 + 2022,$$

$$50550 = 25 \times 2022.$$

那么 681414 与 52572 的最大公约数就是 2022. 上面过程的每一步称为 "欧几里得除法", 即对整数 m, n, 求出另外两个整数 q, r 使得 $m = q \times n + r$, 并且 $0 \leqslant r < |n|$. 因为 m, n 的最大公约数等于 n, r 的最大公约数, 所以通过欧几里得除法我们将问题中数的绝对值不断变小, 最终得到解答.

辗转相除法展示了算法的基本特点: 我们知道一个对象 (这里是最大公约数) 存在, 虽然没有直接的公式可以求出这个对象, 但我们有可行的计算方法 (一般是重复某些步骤) 把这个对象在有限步内求出来. 计算机的应用本质上是算法在起作用. 有了计算机, 算法的巨大价值得以实现, 被广泛用于解决复杂的计算问题.

为了在合理的时间内求出问题的答案, 我们需要考虑算法的效率. 衡量算法效率的数学概念就是算法复杂度. 辗转相除法的复杂度分析出人意料地有趣, 蕴藏着奇妙的数学.

分析辗转相除法复杂度的关键是估计欧几里得除法执行的次数. 对 681414 与 52572, 我们用了 3 次欧几里得除法, 但是对于 1863572 与 125731, 我们却需要用 13 次欧几里得除法才能求出它们的最大公约数 1.

给了两个数, 最容易看出的是这两个数有多少位, 如 125731 是 6 位数. 一个自然的问题是, 能否直接由所给整数的位数来估计它们的辗转相除法过程中欧几里得除法执行的次数？什么样的两个整数需要做的欧几里得除法最多？法国数学家拉梅在 1844 年给出了这些问题的解答: 当两个数是相邻的斐波那契数时需要做的欧几里得除法数最多, 且不会超过较小数的位数的 5 倍.

斐波那契数的知名度很高, 很多文章与书都有介绍, 甚至有专门研究斐波那契数的学会与科学期刊. 意大利数学家斐波那契在他 1202 年出版的《计算之书》中解答了一个有趣的兔子繁殖问题: 一对兔子在出生两个月后就能每月生出一对小兔子来. 假如所有的兔子都不死, 那么一年以后有多少对兔子？答案是: 144 对兔子, 并且从 1 月到 12 月每个月兔子的对数分别是 1, 1, 2, 3, 5, 8, 13, 21, 34, 55, 89, 144. 这串数列被称为斐波那契数列, 它的规律是从第三项开始, 每一项的值是前两项之和. 我们从这串数列里拿出两个相邻的数, 比如 89 与 144, 它们的辗转相除法需要做 10 次欧几里得除法, 恰好是 89 的位数的 5 倍.

我们还可以试着统计一下所有 n 以内的两个数所需欧几里得除法的次数的平均值, 记为 T_n. 20 纪 70 年代, 数论学家与计算机科学家一起给出了 T_n 的一个数学公式:

$$T_n := \frac{12\cdot\ln(2)}{\pi^2}\left(\ln(n) - \sum_{d|n}\frac{\Lambda(d)}{d}\right) + 1.47,$$

其中 $\Lambda(d)$ 是数论中的曼戈尔特函数, 与素数的分布有密切联系. 在这个公式里, 我们取 $n = 100$, 就得到 100 以内的两个数平均所需欧几里得除法的次数大约是 4.59, 而实际值是 4.56. 数 n 越大, 公式给出的值越接近实际值, 这展示了数据规模很大时平均值往往更容易估计.

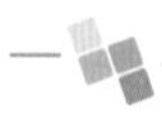

5.2 多项式的最大公因子

注意一个整数的约数就是该整数的一个乘法因子, 因此最大公约数也常称为最大公因子. 这个名称的改变不是无关紧要的, 它一下子让我们可以从更广的视野去看最大公约数, 就是说凡是有乘法的地方都可以考虑最大公因子. 其中一个有趣的情形是多项式.

中学里经常要把多项式做因式分解, 这对求多项式方程的根特别有用. 如同整数情形, 多项式的因式分解也是一个困难的问题. 和那里不太一样的是, 我们没有用这个困难来设计密码, 这其中的原因在于存在较快 (多项式时间) 的算法来分解多项式.

要判断两个一元多项式是否有共同的零点, 本质上就是寻找它们的公因子. 如同整数情形, 我们也不需要分解这些多项式, 利用辗转相除法就可以求出它们的最大公因子, 只是多项式的辗转相除法中不断减小的是多项式的次数. 如多项式 x^4-x^3+x-1 与 x^3-x^2-2x+2 的辗转相除法过程是

$$
\begin{aligned}
x^4-x^3+x-1 &= x\cdot(x^3-x^2-2x+2)+2x^2-x-1,\\
x^3-x^2-2x+2 &= \left(\frac{1}{2}x-\frac{1}{4}\right)\cdot(2x^2-x-1)-\frac{7}{4}x+\frac{7}{4},\\
2x^2-x-1 &= \left(-\frac{8}{7}x-\frac{4}{7}\right)\cdot\left(-\frac{7}{4}x+\frac{7}{4}\right).
\end{aligned}
$$

由此得到 x^4-x^3+x-1 与 x^3-x^2-2x+2 的最大公因子是 $-\frac{7}{4}x+\frac{7}{4}$. 另一方面, 从因式分解 $x^4-x^3+x-1=(x-1)(x+1)(x^2+x+1)$ 与 $x^3-x^2-2x+2=(x-1)(x^2-2)$ 中可以看出这两个多项式的最大公因子是 $x-1$, 它们的公共零点是 1. 这里我们首先看到辗转相除中会出现分数, 然后用不同方式所得的最大公因子可能会相差一个非零常数. 多项式乘以一个非零常数并不改变其零点, 所以这两个最大公因子本质上是相同的, 我们往往取其中首项系数为 1 的作为代表.

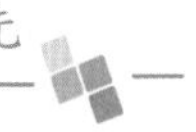

对于多项式, 辗转相除过程中欧几里得除法执行的次数显然不会超过所给多项式的次数. 为了分析这时候算法的复杂度, 我们还需要估计整个过程中出现多项式的系数大小. 对于系数很小的多项式, 这个过程中的多项式可能会出现很大很大的系数. 如对多项式 $15x^5-3x^4-5x+1$ 与 $25x^6+5x^5-65x^2+22x+7$ 进行辗转相除, 中间的多项式会出现一些巨大的系数, 如

$$-\frac{4169391039595347495436281175052141 2733}{8836389003014402974852004476727000 1492}.$$

这些大数的出现使得多项式辗转相除的复杂度是指数级的.

有没有办法来避免这些大系数的出现？这个答案是肯定的, 我们可以用“中国剩余定理”. 这个定理告诉我们一个整数可以从除以许多个不同素数得到的余数里恢复出来, 这是我国古代数学智慧的结晶.

中国南北朝时期的数学著作《孙子算经》中记载了一个叫做“物不知数”的问题: “有物不知其数, 三三数之剩二, 五五数之剩三, 七七数之剩二. 问物几何？”这问题的答案是不唯一的, 23 是一个解, 128 也是一个解, 不同的解之间相差 $105=3\times5\times7$ 的倍数. 南宋数学家秦九韶给出了更一般的“物不知数”问题的解答, 其解法还被后人编成了一首歌诀: “三人同行七十稀, 五树梅花廿一枝, 七子团圆正半月, 除百零五便得知.”

秦九韶解法的核心是将两个整数的最大公约数写成它们的一个组合 (又叫贝祖关系式) , 如 146 与 70 的最大公约数 2 可以写成 $2=12\times146-25\times70$, 这可以从辗转相除法的回代来得到.

对于整系数多项式, 我们可以对其系数都除以素数 p, 以其余数作为系数得到另一个多项式, 这时新多项式的所有系数都控制在 p 以内了, 这操作被称为模 p 运算. 如 $15x^5-13x^4-25x+11$ 做模 7 运算后得到 x^5+x^4+3x+4.

我们可以选定若干个合适的素数, 在多项式的辗转相除过程中, 每步欧几里得除法前都对多项式做模 p 运算, 最后利用“中国剩余定理”

将最大公因子的每个系数恢复出来. 这个想法看似简单, 却蕴藏着从“局部”到“整体”的思想, 并已经成为许多商用数学软件中计算多项式的最大公因子最常用的算法.

5.3 高斯整数

在上一节的开始我们有了一个很重要的观念: 凡是有乘法的地方都可以考虑最大公因子. 这在有些地方很有趣, 比如整数全体、多项式全体等, 而在有些地方则没什么意思, 比如实数全体、复数全体、分式全体等. 比较一下我们就可以看出, 需要适当限制做乘法时元素的范围, 在这个范围里有逆 (倒数) 的数不能太多. 比如在整数范围内, 一个整数的逆 (倒数) 一般不是整数; 在多项式范围内, 一个多项式的逆一般是分式而不是多项式. 考虑 -1 的平方根 $i=\sqrt{-1}$, 把 i 和整数一起做加减乘运算, 最后我们得到数 $a+bi$, 其中 a,b 是整数. 这样的数称为高斯整数, 它们的全体称为高斯整数环. 在高斯整数环中, 一个数的逆仍是高斯整数的只有四个 $1,-1,i,-i$. 高斯整数环十分有趣, 在其中可以做辗转相除法, 可以考虑因式分解和最大公因子. 利用高斯整数, 还可以得到整数的一些有趣的性质.

素数 2 在整数环里不能分解, 可是在高斯整数环里却变得可分解了, 即 $2=(1+i)\cdot(1-i)$. 不可分解的高斯整数称为素高斯整数. 哪些高斯整数是素的呢? 为此, 我们首先要量一量一个高斯整数的长度. 整数 a 的长度可以用它的平方 a^2 或则绝对值 $|a|$ 来衡量. 受此启发对于一个高斯整数 $a+bi$, 我们可以用平方和 a^2+b^2 来定义它的长度. 这个长度跟绝对值一样, 满足一个很棒的性质, 即两个高斯整数的乘积的长度等于各自长度的乘积. 从这个性质出发, 我们首先看到素的高斯整数的长度必然是素数, 然后再走上一段“逻辑推理”的山间小路后就可以看到更美的风景.

不可分解的高斯整数只有三类: ① $1+i$; ② 被 4 除的余数为 3 的

素数 p, 如 3, 7, 11 等; ③ 高斯整数 $a+bi$, 其长度 a^2+b^2 为素数且该素数除以 4 的余数为 1. 这样就完全认识了所有的素高斯整数.

“他山之石, 可以攻玉”, 高斯整数可以作为“他山之石”来解答整数里一个有趣的平方和问题: 奇素数 p 什么时候可以写成两个整数的平方和? 利用高斯整数长度的乘积性质, 我们可以给出一个漂亮的解答: 奇素数 p 可以写成两个整数的平方和的充分必要条件是素数 p 除以 4 的余数为 1, 如

$$1=0^2+1^2, \quad 5=1^2+2^2, \quad 13=2^2+3^2, \quad 17=1^2+4^2, \quad \cdots.$$

数的平方和最早出现于勾股定理 (又称毕达哥拉斯定理) 中, 这是一个很古老的几何定理, 即平面上直角三角形的两条直角边 (即勾、股) 的长度的平方之和等于斜边 (即弦) 的长度的平方.

勾股定理向我们展示了数与形之间的联系. 满足平方和关系 $a^2+b^2=c^2$ 的三个整数称为勾股数, 如 $(3,4,5)$. 实际上, 三条边长度为勾股数的三角形必然是直角三角形. 勾股数可以帮助我们在户外拓展训练中闯过“盲人方阵”这一关, 就是让四个人闭着眼睛将一根十多米没有标度的绳子在地上摆出一个直角三角形, 这时就可以利用“勾三、股四、弦五”来做出直角.

辗转相除法让我们有了计算两个整数最大公约数的有效方法, 那么这个算法是否也对高斯整数可行? 答案是肯定的, 即两个高斯整数也可以像整数一样做欧几里得除法, 如对 $5+3i$ 与 $2+4i$, 我们有

$$5+3i=(1-i)\cdot(2+4i)-1+i,$$

这里余数 $1+i$ 的长度为 2, 它小于 $2+4i$ 的长度 20. 高斯整数中欧几里得除法的存在有个几何解释: 对平面上任何一点, 其附近必然存在一个整数格点到该点距离不超过 $\dfrac{\sqrt{2}}{2}<1$.

从高斯的时代开始, 数学家们渐渐知道了“哪里有欧几里得除法, 哪里就有唯一分解性”. 因为高斯整数环里存在欧几里得除法, 那么每个高

斯整数就可以跟整数一样唯一地 (在不计顺序与乘上可逆元意义下) 分解成素高斯整数的乘积, 这个性质让高斯整数变得跟整数一样亲切.

5.4 单位根与平方根

通过前面一段旅途, 我们认识了高斯整数, 我们还可以走得更远. 高斯整数环在很多方面给我们启示, 应该还有很多其他的数的集合可以做辗转相除法, 考虑找最大公因子等. 高斯整数环是从整数中添加了 -1 的平方根 $i=\sqrt{-1}$. 我们有两个角度理解这个 i: 它是 1 的四次单位根, 它是 -1 的平方根.

从第一个角度出发, 我们可以考虑 1 的 n 次单位根 $\xi_n=\cos\dfrac{2\pi}{n}+i\sin\dfrac{2\pi}{n}$, 把它和整数做加减乘运算, 我们得到如下形式的数:

$$a_0+a_1\xi_n+a_2\xi_n^2+\cdots+a_{n-1}\xi_n^{n-1},\quad \text{其中诸 } a_i \text{ 都是整数.}$$

所有这样的数记作 $\mathbb{Z}[\xi_n]$. 它们是否能做欧几里得除法? 这个问题居然和费马大定理有关系.

17 世纪的法国数学家费马在潜心研读古希腊数学家丢番图的《算术》时试图寻找勾股数的高次类比, 即方程 $x^n+y^n=z^n$ (其中 $n>2$) 的正整数解 (x,y,z), 并在书的空白处写了一段话: "将一个立方数分成两个立方数之和, 或一个四次幂分成两个四次幂之和, 或者一般地将一个高于二次的幂分成两个同次幂之和, 这是不可能的. 关于此, 我确信已发现了一种美妙的证法, 可惜这里空白的地方太小, 写不下! "

在讨论整数的辗转相除法的复杂度时, 法国数学家拉梅已经上过场, 这里他又来了. 在 1847 年, 拉梅向他在法国科学院的同事宣布自己已经成功证明了费马大定理! 但很快同时代的法国大数学家刘维尔就指出了拉梅证明中的一个致命问题, 即他默认了一个事实: 对任意 n 次单位根 ξ_n, 所有数 $a_0+a_1\xi_n+\cdots+a_{n-1}\xi_n^{n-1}$ 都像高斯整数一样具有唯一分解

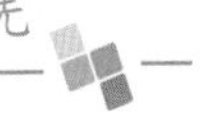

性. 这个事实对一般的 n 是不对的! 如法国数学家柯西指出 $n=23$ 就是一个反例.

费马没有写下来的“美妙的证法”直到 1994 年才由英国数学家怀尔斯给出, 其证明足足有 130 多页, 难怪费马在《算术》的空白处写不下. 在这 358 年的历程中, 费马大定理极大地推动了现代数学的发展.

为了研究环 $\mathbb{Z}[\xi_n]$ 的唯一分解性, 最直接的方法是考虑什么时候可以在 $\mathbb{Z}[\xi_n]$ 中做欧几里得除法. 最后, 数学家们发现这样的 n 本质上只有 30 个:

$$1,3,4,5,7,8,9,11,12,13,15,16,17,19,20,21,24,$$

$$25,27,28,32,33,35,36,40,44,45,48,60,84.$$

现在我们从第二个角度来看 i, 即对任意的整数 D, 考虑它的平方根 $\sqrt{D}$, 把它与整数做加减乘运算, 得到数 $a+b\sqrt{D}$, 其中 a,b 是整数, 它们的全体记作 $\mathbb{Z}[\sqrt{D}]$. 它们是否能做辗转相除法, 是否有最大公因子都是很有趣的问题, 也是数学家花了很大力气研究的问题. 这个问题至今还没有得到完整解决. 只有当欧几里得除法里的长度函数很特殊时, 数学家们证明了在 $\mathbb{Z}[\sqrt{D}]$ 中能做欧几里得除法的 D 只有下面 21 个:

$$-11,-7,-3,-2,-1,2,3,5,6,7,11,13,17,19,21,29,33,37,41,57,73.$$

这个成果汇集了好几代数学家的工作, 其中包括我国数学家柯召与华罗庚. 在 1938 年, 匈牙利传奇数学家埃尔德什 (P. Erdös, 1913—1996) 与柯召合作证明了存在欧几里得除法的 D 只有有限个, 然后华罗庚在 1944 年将这个有限确定到不超过 e^{250}. 从 e^{250} 到 21, 最后这段路数学家们又走了八年多.

5.5 结束语

这段关于辗转相除法的算法之旅即将结束, 沿途中我们欣赏到了很多风景, 领略了这个古老算法中蕴藏的深刻数学, 当然我们所见的仍只是冰山一角. 算法以其实用为人所识, 但它们背后是深刻的数学, 蕴含着数学的纯粹之美. 对算法的数学研究, 不仅会加深我们对算法的认识, 更好地应用算法来改进我们的生活, 还会催生很多优美的新知识.

致谢

感谢中国科学院数学与系统科学研究院席南华研究员在本文写作过程中给予的诸多宝贵建议! 也感谢中国科学院自然科学史研究所王涛副研究员在数学史方面的诸多讨论!

参考文献

[1] 华罗庚. 数论导引. 北京: 科学出版社, 1957. (很经典的数论书, 该书第 16 章的第 15 节讨论了欧几里得除法)

[2] [古希腊] 欧几里得. 几何原本. 3 版. 兰纪正, 朱恩宽, 译. 西安: 陕西科学技术出版社, 2020. (该书的第七卷写下了“欧几里得算法”)

[3] 吴文俊. 数学机械化. 北京: 科学出版社, 2000. (该书第一章介绍了中国古代数学的算法化思想)

[4] [西汉] 张苍. 九章算术. 耿寿昌, 辑撰, 邹涌, 译解. 重庆: 重庆出版社, 2016. (该书一开始的方田章就写下了“更相减损术”)

[5] Knuth D E. The Art of Computer Programming. Vol. 2. Seminumerical Algorithms. Addison-Wesley, Reading, MA, 1998. (计算机科学的经典书, 第二卷的 4.5.3 节分析了整数的辗转相除法的复杂度)

[6] Lemmermeyer F. The Euclidean algorithm in algebraic number fields. Expositiones Mathematicae, 1995: 385-416.

[7] Lenstra. H W. Euclidean number fields. I, Ⅱ, Ⅲ. The Mathematical Intelligencer, 1979: 6-15; 1980: 73-77; 1980: 99-103.

6 熵助我们理解混乱与无序

李向东

不论是自然界还是人类社会, 到处都能看到混乱与无序现象.

数学研究混乱与无序现象吗? 答案: 是.

有各种各样的混乱与无序, 所以研究它们的数学也有不同的风格, 如混沌理论从动力系统角度研究混乱和无序, 对理解我们地球的大气系统等很重要; 概率和统计从随机性角度研究不确定性等, 应用广泛. 今天我们要说的是熵, 它是描述系统混乱及无序程度的一个概念, 并有明确的数学表达式, 十分深刻, 与概率统计和动力系统也有密切的关系.

按照玻尔兹曼统计力学, 一个系统的熵值越大, 就意味着系统越混乱, 熵值越小, 就意味着系统越有序.

熵最先在热力学第二定律的研究中被提出, 后来人们不断拓展对熵的内涵认识. 对绝大部分数学家而言, 熵在 21 世纪初证明庞加莱猜想中所起的关键作用是出人意料的. 这件事也让数学界对熵更为重视. 当然, 数学家很早就对熵开展了十分有成效的研究. 早在 20 世纪 40 年代末香农就发现熵在信息论中是一块基石, 在通信技术的数学理论研究中起着不可或缺的作用; 20 世纪 60 年代, 柯尔莫哥洛夫等人研究了动力系统中的熵.

我们先从热力学中的熵说起.

6.1 热力学中的熵

热现象是自然界中一种常见的现象. 热力学过程中有些过程是可逆的, 比如常温下铁是固体, 温度升高到一千多摄氏度时会熔化成液态, 温度降到常温时又变成固体; 有些过程是不可逆的, 比如人、动物或植物从出生、成长到死亡的过程是不可逆的, 鸡蛋被煎熟了不能恢复到原来的状态, 也是不可逆的.

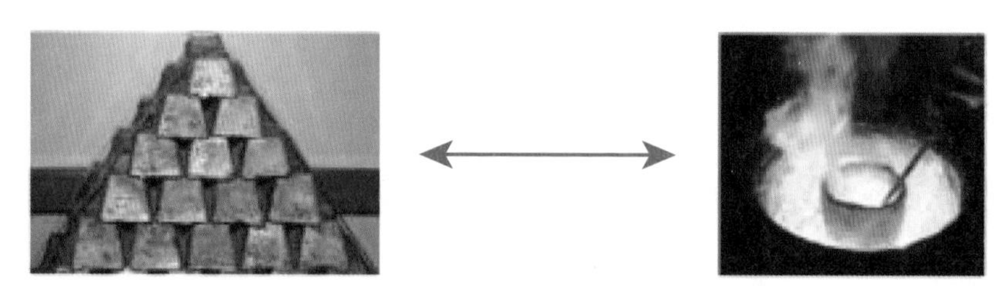

图 1　铁的熔化是可逆过程

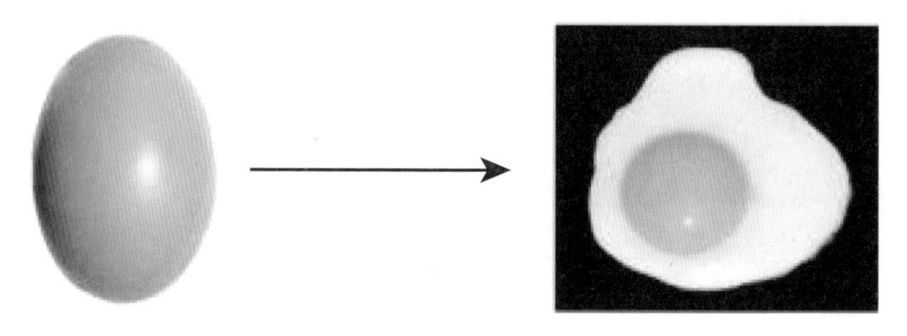

图 2　煎鸡蛋是不可逆过程

对热力学过程, 热量和温度是很基本的量. 用 Q 记热量, T 记温度. 在一个热力学过程中, 有时候是吸收热量, 有时候是释放热量, 热量的变

化量我们记作 δQ. 热量和热量的变化量的关系有点类似于一个物体在运动时其位置和位移之间的关系.

1854 年, 德国物理学家鲁道夫 • 克劳修斯 (R. Clausius) 在法国工程师萨迪 • 卡诺 (Sadi Carnot) 关于热机效率研究工作[8] 的基础上, 对任何一个可逆热力学循环过程, 证明了热量的变化量对温度的商 $\delta Q/T$ 的累计和是 0. 理解这个结论是容易的, 比如, 铁在高温锅炉中从固态到液态的过程中是吸收了热量, 铁水经过冷却又从液态转变到固态的过程中释放了热量. 铁从固态到液态、再从液态回到原来的固态, 热量有吸收 (正值), 有释放 (负值), 从而热量的变化量 δQ 有正有负, 它关于温度的商 $\delta Q/T$ 的累计和等于 0 就是可以理解的事情了.

在数学上, 我们用环路积分表示克劳修斯的结论:

$$\oint \frac{\delta Q}{T} = 0.$$

虽然数学的记号看上去挺高深的, 但我们其实可以不管它的形式, 而是需要知道, 这个积分表达的意思是: 对可逆热力学循环过程, 热量的变化量对温度的商 $\delta Q/T$ 的累计和是 0. 事实上, 积分本质上就是一种求和, 只是这个求和有无穷多项.

克劳修斯的结论有一个重要的推论: 热量的变化量对温度的商 $\delta Q/T$ 是某个量的微分. 这个量就是**熵**, 它只依赖于热力学系统所在的状态, 一般记作 S. 它的无穷小增量 (更准确地说是无穷小变化量), 也就是微分, 记作 dS. 于是有

$$dS = \frac{\delta Q}{T}.$$

如同对路程函数的微分求积分就能得到路程函数一样, 对熵的微分 dS 求积分就能得到熵. 记熵 S 在状态 A 的值为 $S(A)$, 在状态 B 的值为 $S(B)$, 任意选取一个从 A 到 B 的可逆过程, 根据牛顿-莱布尼茨公

式, 我们得到

$$S(B) - S(A) = \int_A^B \frac{\delta Q}{T}.$$

克劳修斯的结论保证了这个积分和选取的可逆过程无关, 只和状态 A 和 B 有关.

借助熵函数, 可以给出热力学第二定律的数学描述: 对于任何从状态 A 到状态 B 的热力学过程, 我们有

$$S(B) - S(A) \geqslant \int_A^B \frac{\delta Q}{T},$$

且等式成立当且仅当该热力学过程为可逆过程. 特别地, **孤立热力学系统的熵总是增加**, 即

$$S(B) - S(A) \geqslant 0.$$

在克劳修斯的原著中, 有一句著名的话: 宇宙的能量是常数, 但是宇宙的熵是增加的. 如果承认宇宙是一个孤立系统, 第一句话说的是能量守恒定律, 第二句话说的是熵增定律. 这就是著名的热寂说.

熵看上去是一个很独特的量, 很自然的问题是, 熵的物理意义是什么?

克劳修斯在其著作《热的力学理论及其在蒸汽机中的应用和物体的物理性质》(1867) 的第 357 页中, 就熵的物理意义给出了以下描述:

"我们可以称 S 为物体的转换内容, 正如我们称 U 为物体的热量和能量的一样. ……从希腊语中 $\tau\rho\pi\eta$(其意为转换) 这个词, 我建议称 S 这个量为物体的熵. 我有意构造了 entropy 这个词, 以致它与能量 (energy) 这个词尽可能地相似. 这两个词所代表的两个量在物理意义上是如此接近, 以至于在名称上有某种相似性似乎是可期

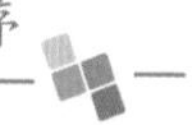

待的.①”

对于理想气体, 根据热力学基本公式 (即能量守恒定律), 热量的变化与内能的变化及系统对外做功有关, 其数学表达式是

$$dU = \delta Q - pdV,$$

其中 U 为系统的内能 (the internal energy), pdV 为对外做功的值.

结合克劳修斯关于熵的定义式, 德国物理学家马克・普朗克 (Max Planck) 从上述公式给出了可逆热力学过程中熵的微分的计算公式[38]

$$dS = \frac{dU + pdV}{T}.$$

从这个公式可以看出, 在等温可逆过程中, 熵的增量乘上温度 T 等于内能的增量加上对外做功的值. 因此, 从这个意义上来说, 熵乘以温度 T 是能量转换过程中不能对外做功的那部分能量. 正如汽车的发动机在汽油燃烧的过程中, 既产生驱动汽车运动的动力, 也一定要消耗能量产生二氧化碳.

电脑或手机在工作的同时一定要消耗自身的电池中的部分能量, 不能全部做功. 这部分一定要 “被消耗的能量”, 或者说能量转换过程中必须产生的一部分 “负能量”, 除以温度常数, 就是电脑或手机工作中的这个热力学过程中的熵, 它反映了 **“负能量”** 或 **“无效能量”** 的多少. 在文献 [15] 中称之为 “无序能量”.

① We might call S the transformational content of the body, just as we termed the magnitude U its thermal and ergonal content. But as I hold it to be better to borrow terms for important magnitudes from the ancient languages, so that they may be adopted unchanged in all modern languages, I propose to call the magnitude S the entropy of the body, from the Greek word $\tau\rho\pi\eta$, *transformation*. I have intentionally formed the word entropy so as to be as similar as possible to the word energy; for the two magnitudes to be denoted by these words are so nearly allied in their physical meanings, that a certain similarity in designation appears to be desirable.

6.2 熵的统计物理解释

在热力学中通过热量和温度定义的熵是宏观层面的一个量, 但它有深刻的微观层面的原因和机理.

19 世纪 60 年代, 英国物理学家麦克斯韦 (J. Maxwell) 将概率论与分子运动论相结合建立了理想气体的平衡态统计力学. 他认为, 热力学第二定律描述的不是单个分子的运动行为, 而是大量分子表现的统计规律. 对统计规律而言, 热量只能从温度高的流向温度低的, 但是就个别分子而言, 温度低的区域的快分子完全可能自发地跑向温度高的区域.

理想气体是一类理想化的气体, 其分子有质量, 无体积, 是质点; 每个分子在气体中的运动是独立的, 与其他分子无相互作用. 理想气体在 t 时刻、在位置空间中的点 x 和速度空间中的 v 方向有一个随时间演化的分布密度函数 $f(x,v,t)$.

1859 年, 在对理想气体的研究中, 麦克斯韦证明了处于平衡态的理想气体速度分布的密度公式, 被称为麦克斯韦分布律. 具体来说, 麦克斯韦分布密度公式是

$$f(x,v,t)=n(x,t)\left(\frac{m}{2\pi\kappa T(x,t)}\right)^{3/2}\exp\left(-\frac{m|v|^2}{2\kappa T(x,t)}\right), \tag{1}$$

其中 m 为粒子质量, $n(x,t)$ 和 $T(x,t)$ 分别为表示分子在 t 时刻在 x 处的粒子密度和局部温度, κ 为玻尔兹曼常数 ($\kappa=1.38\times10^{-23}$ 焦/开). 这一结果, 是统计物理的奠基性成果.

在麦克斯韦工作的基础上, 奥地利物理学家路德维西・玻尔兹曼 (Ludwiz Boltzmann) 进一步研究了理想气体的非平衡态动理学理论. 玻尔兹曼的统计物理为热力学熵给出了微观世界的统计解释.

1869 年, 他将麦克斯韦速度分布律推广到保守力场作用下的情况, 把物理体系的熵和概率联系起来, 阐明了热力学第二定律的统计性质, 得到了麦克斯韦–玻尔兹曼分布律.

1872 年, 玻尔兹曼[5] 从分子运动论出发, 在质量守恒、能量守恒、动量守恒及分子混沌假设 (又称为碰撞数假设①) 的前提下建立了分布密度函数 $f(x,v,t)$ 随时间演化的动理学方程 (kinetic equation), 现在被称为玻尔兹曼方程或输运方程, 用于描述理想气体从非平衡态向平衡态的演化过程.

确切地说, 令 $f(x,v,t)$ 为理想气体在时刻 t、位置 x 和速度 v 处的概率分布, 则 f 满足玻尔兹曼方程

$$\partial_t f + v\cdot\nabla_x f = Q(f,f),$$

其中右式中碰撞项 $Q(f,f)$ 定义为

$$Q(f,f) := \int_{\mathbb{R}^3}\int_{S^2} (f'f'_* - ff_*)\, B(v-v_*,u)dv_*dS(u),$$

这里, $f=f(x,v,t), f_*=f(x,v_*,t)$ 表示在 t 时刻和 x 位置两个粒子在碰撞前以 v 和 v_* 为速度的分布密度, $f'=f(x,v',t), f'_*=f(x,v'_*,t)$ 表示在 t 时刻和 x 位置两个粒子在碰撞后以 v' 和 v'_* 为速度的分布密度,

① 分子混沌假设的德语为 Stosszahlansatz, 其数学意思说的是: 记 $P^{(s)} = P^{(s)}(x_1,\cdots,x_s,v_1,\cdots,v_s,t)$ 为时刻 t 时 s 个粒子的联合分布密度函数, 它描述的是在时刻 t 第一个粒子处于 $(x_1,v_1),\cdots$, 第 s 个粒子处于 (x_s,v_s) 的概率密度. $P^{(s)}$ 被称为满足分子混沌假设, 如果

$$P^{(s)}(x_1,\cdots,x_s,v_1,\cdots,v_s,t) = \prod_{i=1}^{s} P^{(1)}(x_i,v_i,t).$$

在推导理想气体的动理学方程, 即玻尔兹曼方程的过程中, 玻尔兹曼假设气体足够稀薄, 三个气体分子碰撞的情形可以忽略不计, 而碰撞前后两个气体分子是彼此独立的, 满足分子混沌假设

$$P^{(2)}(x_1,v_1,x_2,v_2,t) = P^{(1)}(x_1,v_1,t)P^{(1)}(x_2,v_2,t).$$

$B(v-v_*,u)$ 为碰撞核, u 为单位球面 S^2 中的元, $dS(u)$ 为单位球面 S^2 上的面积元.

根据能量守恒与动量守恒定律, v', v'_* 与 v, v_* 满足以下关系式: 存在唯一的 $u \in S^2$ 使得

$$v' = \frac{v+v_*}{2} + \frac{|v-v_*|}{2}u, \quad v'_* = \frac{v+v_*}{2} - \frac{|v-v_*|}{2}u.$$

如果用 θ 表示碰撞发生时的角度 (即相对速度 v_*-v 与两个气体分子的球心之间连线的夹角), 则 θ 满足以下关系式

$$\cos\theta = \left\langle \frac{v-v_*}{|v-v_*|}, u \right\rangle.$$

对于理想气体的分布密度函数 $f(x,v,t)$, 玻尔兹曼引进了重要的 H-量 (H-quantity):

$$H = \int_{\mathbb{R}^6} f(x,v,t)\log f(x,v,t)dxdv. \tag{2}$$

这个量后来被称为玻尔兹曼 H-熵.

玻尔兹曼发现并证明了著名的 H-定理.① 这个定理说: 如果 $f(x,v,t)$ 为玻尔兹曼方程 "足够好" 的光滑解, 则下式成立

$$\frac{dH}{dt} = -\frac{1}{4}\int_{\mathbb{R}^3}\int_{S^2}(f'f'_* - ff_*)(\log(f'f'_*) - \log(ff_*))B(v-v_*,u)dv_*dS(u).$$

利用不等式 $(x-y)(\log x - \log y) \geqslant 0$, 玻尔兹曼证明了 H 关于时间 t 递减, 也就是说 H 关于时间的导数是非正的:

$$\frac{dH}{dt} \leqslant 0,$$

① 严格地说, 玻尔兹曼对 H-定理的证明在数学上是不严格的, 他没有验证这个定理的证明中所需要的数学条件. 这个条件要求玻尔兹曼方程的解 "足够好". 在此, 我们略去 "足够好" 明确的数学含义. 请有兴趣的读者参阅 [10, 50].

并且等号成立当且仅当 f 满足所谓的细致平衡条件,

$$f'f'_* = ff_*.$$

在细致平衡条件成立时, 玻尔兹曼证明了 f 是一个局部麦克斯韦分布, 即 (1). 从这个意义上来说, 玻尔兹曼给出了理想气体的平衡态麦克斯韦分布的新证明, 证明了对于一切自发过程而言, 总是从概率小的非平衡态 (有序) 向概率最大的平衡态 (无序) 变化. 这一研究对非平衡态统计力学的发展起到了重要的推动作用.

1877 年, 玻尔兹曼[6] 给出了 H-熵的统计力学解释, 为统计物理学的发展奠定了基石. 现在我们看一下玻尔兹曼是怎样给出熵的统计解释.

假设气体分子是孤立系统, 彼此之间没有相互作用. 取 N 个相同的粒子 (可以理解为分子或原子), 它们在总体积为 Ω 的屋子中被分配到 n 个小格子中, 这 n 个小格子的体积为 $\Delta\omega_1, \cdots, \Delta\omega_n$. 记

$$g_i = \frac{\Delta\omega_i}{\Omega},$$

则 g_i 可以理解为在没有能量约束条件下任何一个气体分子占据第 i 个小格子的概率. 显然, $g_1, \cdots, g_n$ 是 0 和 1 之间的数, 且满足 $g_1 + \cdots + g_n = 1$. 设 N_i 为被分配在第 i 个盒子中的粒子数, $i = 1, \cdots, n$. 记 $(N_i) = (N_1, \cdots, N_n)$, 那么 $N = N_1 + \cdots + N_n$. 令 W 为所有这一类分配 $(N_1, \cdots, N_n)$ 的总数 (称之为微观状态数), $P((N_i))$ 为取分配 $(N_1, \cdots, N_n)$ 的概率. 根据排列组合的知识, 有

$$W = \frac{N!}{N_1! \cdots N_n!}, \tag{3}$$

且

$$P((N_i)) = \frac{N!}{N_1! \cdots N_n!} g_1^{N_1} \cdots g_n^{N_n}. \tag{4}$$

玻尔兹曼认为: 平衡态分布 (N_i) 是在 $(N_1,\cdots,N_n)$ 满足质量守恒和能量守恒这两个约束条件, 即 $(N_1,\cdots,N_n)$ 满足

$$\sum_{i=1}^{n} N_i = N, \qquad \sum_{i=1}^{n} N_i E_i = E$$

时, 使得概率 $P((N_i))$ 取最大值的分布.

如果每个 N_i 都充分大, 由 Stirling 公式, 近似地, 我们有①

$$\log N! \simeq N\log N - N + \frac{1}{2}\log(2\pi N).$$

对 $P((N_i))$ 取对数, 可以得到

$$\log P((N_i)) \simeq \left(N+\frac{1}{2}\right)\log N - \sum_{i=1}^{n}\left(N_i+\frac{1}{2}\right)\log N_i + \sum_{i=1}^{n} N_i \log g_i - \frac{n-1}{2}\log(2\pi).$$

因此, $P((N_i))$ 的变分为

$$\delta \log P((N_i)) \simeq \sum_{i=1}^{n} (-\log N_i + \log g_i)\,\delta N_i.$$

在质量守恒与能量守恒的约束条件下, δN_i 满足两个约束条件

$$\sum_{i} \delta N_i = 0, \qquad \sum_{i} E_i \delta N_i = 0.$$

利用拉格朗日乘子法, 对上面两个方程各乘以两个乘子 α 和 β, 我们有

$$\sum_{i=1}^{n}\left(\log\frac{g_i}{N_i} + \alpha - \beta E_i\right)\delta N_i = 0.$$

① $a \simeq b$ 表示 a 与 b 近似相等.

由此可得, 在质量守恒与能量守恒的约束条件下, 当且仅当

$$N_i = g_i e^{\alpha - \beta E_i} \tag{5}$$

时, $P((N_i))$ 取得最大值.

定义配分函数

$$Z = \sum_{i=1}^{n} g_i e^{-\beta E_i},$$

则 $e^\alpha = N/Z$, 且平衡态分布由下式给出

$$N_i = \frac{N}{Z} g_i e^{-\beta E_i} = -\frac{N}{\beta}\frac{\partial \log Z}{\partial E_i}.$$

将此分布代入对应的微观状态数 W 的对数 $\log W$ 的渐近公式, 可得

$$\log W \simeq -N \sum_{i=1}^{n} \frac{g_i e^{-\beta E_i}}{Z} \log\left(\frac{g_i e^{-\beta E_i}}{Z}\right).$$

令

$$p_i = \frac{N_i}{N} = \frac{g_i e^{-\beta E_i}}{Z}.$$

我们有

$$\log W \simeq -N \sum_{i=1}^{n} p_i \log p_i.$$

由此可得 H-熵与 W 之间的关系式

$$H := -\lim_{N\to\infty} \frac{\log W}{N} = \sum_{i=1}^{n} p_i \log p_i. \tag{6}$$

另一方面, 我们还可以证明[①]

$$\lim_{N\to\infty}\frac{\log(p_1^{N_1}\cdots p_n^{N_n})}{N}=-H. \tag{7}$$

在平衡态下的能量平均值为

$$\overline{E}=\frac{1}{N}\sum_{i=1}^{n}N_iE_i=\frac{1}{Z}\sum_{i=1}^{n}g_iE_ie^{-\beta E_i}=-\frac{\partial\log Z}{\partial\beta}.$$

记

$$E_i=\frac{1}{2}mv_i^2+V(x_i),$$

其中 V 为外场位势函数. 我们有

$$N_i=\frac{N}{Z}g_ie^{-\frac{1}{2}\beta mv_i^2-\beta V(x_i)}.$$

等价地说

$$p_i=\frac{N_i}{N}=\frac{1}{Z}g_ie^{-\frac{1}{2}\beta mv_i^2-\beta V(x_i)} \tag{8}$$

就是所谓的麦克斯韦–玻尔兹曼分布 (the Maxwell-Boltzmann distribution).

在连续情形, 我们可以利用同样的方法证明对应于理想气体的平衡态分布是

$$f(x,v)dxdv=\frac{1}{Z}e^{-\beta\left(\frac{1}{2}m|v|^2+V(x)\right)}dxdv. \tag{9}$$

令

$$\beta=\frac{1}{\kappa T},$$

① 对比 6.5 节 (熵与信息) 中香农信源编码定理中的 (18).

其中 κ 为玻尔兹曼常数, T 为温度. 我们就得到了分子运动论中著名的麦克斯韦–玻尔兹曼分布

$$f(x,v)dxdv = \frac{1}{Z}\exp\left(-\frac{\frac{1}{2}m|v|^2 + V(x)}{\kappa T}\right)dxdv.$$

特别地, 当外场位势 $V=0$, 且体积是有限体积时, 我们就得到了麦克斯韦分布律

$$f(v)dv = \left(\frac{m}{2\pi\kappa T}\right)^{3/2} e^{-\frac{m|v|^2}{2\kappa T}}dv.$$

在此我们指出: W 是德语单词 Wahrscheinlichkeit 的首字母, 它是给定宏观状态条件下最大概率分布对应的微观状态数. 普朗克称之为“热力学概率”.

对于理想气体的平衡态分布即麦克斯韦分布 (1), 玻尔兹曼通过比较热力学熵 S 与 H-熵的计算结果, 得到了它们之间的关系式

$$S - S_0 = -\kappa H,$$

其中, S_0 是某个固定状态的熵的值, κ 是一个普适常数, 现在被称为玻尔兹曼常数. 再利用 H 与 W 之间的关系式, 玻尔兹曼[6] 得到了

$$S - S_0 = \kappa\log(W\Omega). \tag{10}$$

这里 Ω 是粒子所在的状态空间中的微小体积, 在粒子的分配方式为 $N = N_i + \cdots + N_n$ 的情形下,

$$\Omega = \prod_{i=1}^{n}(\Delta\omega_i)^{N_i},$$

其中 $\Delta\omega_i$ 为第 i 个盒子的体积. 如果每个盒子的体积 $\Delta\omega_i$ 的取值都相等, 例如 $\Delta\omega_i = \Delta\omega$, 那么 $\Omega = (\Delta\omega)^N$ 就是常数. 如果我们将 $\kappa\log\Omega$ 与

S_0 合并, 令 $C = S_0 + \kappa \log \Omega$, 就可以把上面的公式 (10) 写成

$$S = \kappa \log W + C. \tag{11}$$

这个结果是玻尔兹曼首先得到的, 被称为玻尔兹曼公式.

1901 年, 普朗克证明: 如果热力学熵 S 和 W 之间如果存在一个函数 f 使得 $S = f(W)$ 成立, 那么这样的函数 f 一定是 $f(x) = \kappa x$. 这样就可以将玻尔兹曼公式 (11) 中的常数 C 选取为零. 这就是得到了刻在维也纳中央公园的玻尔兹曼墓碑上的玻尔兹曼熵公式:

$$S = \kappa \log W. \tag{12}$$

有人评价这个公式可以与牛顿第二定律 $F = ma$ 和爱因斯坦的质能方程 $E = mc^2$ 相媲美. 普朗克曾对此给予以下评述: “玻尔兹曼熵公式给出了克劳修斯的热力学熵 S 与给定宏观状态下最大可能微观状态数 W 之间的对数联系.”

上面关于熵的公式的推导是在假设热力学系统在平衡态即麦克斯韦分布的条件下得到的. 但是玻尔兹曼公式 (12) 中的微观状态数 W 对任何微观状态分布都可以定义. 因此, 即使热力学系统处于任意非平衡态, 其微观状态数也可以定义, 对应的玻尔兹曼熵 H 或克劳修斯热力学熵 S 都可以用玻尔兹曼公式 (12) 定义.

对于孤立系统而言, 最大概率分布对应于平衡态的分布, 所以在等体积假设的条件下平衡态的微观状态数 (即热力学概率)W 达到最大值. 而由非平衡态到平衡态的过程, 就是热力学概率 W 及对应的熵 S 从较低的值增加到最大值的过程, 等价地, H 从较大的值减少到最小值的过程. 这就给出了热力学第二定律的概率解释或统计物理解释, 即孤立系统的微观概率分布将由较低的值趋向最大值, 而平衡态分布就是宏观约束条件下微观状态的最大概率分布.

热力学第二定律指出了孤立的物质世界的熵增加. **玻尔兹曼的统计物理指出熵是无序也就是混乱的一种度量**. 尽管热力学和统计物理本身

并没有将热力学过程描述为时间的函数, 但热力学第二定律却定义了一个独特的时间方向, 即熵增加的方向. 每一个孤立的系统都会朝着熵达到最大值的状态移动. 从这个意义上来说, 时间一去不复返是和熵增的性质密切相关的, 甚至可以说是由熵增的性质决定的. 用一句形象的话来说, **熵是时间之矢**.

图 3 维也纳中央公园中玻尔兹曼的墓碑

6.3 熵与概率论

熵是描述和刻画不确定现象中到底有多大的不确定性或者混乱程度的一个精确的数学量, 而概率论是研究偶然现象和不确定现象中确定性规律的数学学科. 因此, 我们容易理解, 熵和概率论有着本质而深刻的联系.

偶然现象或不确定现象中的规律一般需要从大量的事件中发现, 所以这些规律很多是以大数定律和中心极限定理形式出现. 历史上, 大数定律和中心极限定理的建立是概率论成为真正意义上的数学学科的标志.

在本节, 我们介绍熵与中心极限定理之间的深刻联系. 首先我们介绍概率论中的大数定律, 它是概率论发展过程中的一个重要标志性结果.

我们考虑抛硬币模型: 设有一个正反两面不一定质量均匀的硬币, 设 $X_1, \cdots, X_N$ 为前 N 次抛硬币的试验结果, $X_i = 1$ 表示第 i 次试验结果正面朝上, $X_i = 0$ 表示第 i 次试验结果反面朝上, 则前 N 次抛硬币中正面朝上的次数为 $S_N = X_1 + \cdots + X_N$. 我们假设每一次抛硬币的结果是彼此独立而又同分布的随机变量列.

在 1713 年出版的《猜度术》一书中, 瑞士数学家雅各布 • 伯努利 (Jacob Bernoulli, 1654—1705) 证明: 当 N 充分大时, 正面朝上的频率 $\frac{S_N}{N}$ 将十分接近于一个常数 p, 这个 p 就是抛硬币的实验中正面朝上的概率.

用现代概率论的语言, 伯努利的结果可以表述为正面朝上的频率 $\frac{S_N}{N}$ 依概率收敛到正面朝上的概率 p, 更确切地说, 对于任意小的 $\varepsilon > 0$ 和 $\delta > 0$, 存在一个仅仅依赖于 ε 和 δ 的正整数 $N(\varepsilon, \delta)$, 使得当 $N > N(\varepsilon, \delta)$ 时, 满足性质 $\left|\frac{S_N}{N} - p\right| \geqslant \varepsilon$ 的随机事件集合的概率小于 δ, 即

$$\mathbb{P}\left(\left|\frac{S_N}{N} - p\right| \geqslant \varepsilon\right) \leqslant \delta.$$

这就是历史上第一个大数定律, 称为伯努利大数定律.

如果我们考察更一般的独立随机变量列, 仍记为 $X_1, \cdots, X_N, \cdots$, 设它们与某个取值为 $\{x_i, i = 1, \cdots, \infty\}$ (其中 x_i 为实数) 的可列离散随机变量 X 具有相同的分布, 记为 $p = (p_i, i = 1, \cdots, \infty)$, 这里的 p_i 表示 X 取值 x_i 的概率, 即 $p_i = \mathbb{P}(X = x_i)$, 满足 $0 \leqslant p_i \leqslant 1$ 且 $\sum\limits_{i=1}^{\infty} p_i = 1$. 假定 X 的二阶矩存在, 即 $\mathbb{E}[X^2] = \sum\limits_{i=1}^{\infty} p_i x_i^2 < \infty$, 则所谓的弱大数定律可以表述为: $S_N = X_1 + \cdots + X_N$ 为前 N 次随机试验的部分和, 则当 N 充分大时, $\frac{S_N}{N}$ 依概率收敛到 X 的数学期望, 记为 $m = \mathbb{E}[X] := \sum\limits_{i=1}^{\infty} p_i x_i$.

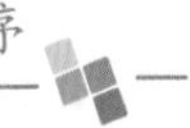

更确切地说, 对于任意小的 $\varepsilon > 0$ 和 $\delta > 0$, 存在一个仅仅依赖于 ε 和 δ 的正整数 $N(\varepsilon, \delta)$, 使得当 $N > N(\varepsilon, \delta)$ 时, 满足性质 $\left|\frac{S_N}{N} - m\right| \geqslant \varepsilon$ 的随机事件集合的概率小于 δ, 即

$$\mathbb{P}\left(\left|\frac{S_N}{N} - m\right| \geqslant \varepsilon\right) \leqslant \delta.$$

更强的大数定律需要一定的条件, 例如: 当 X 的四阶矩存在时, 即 $\mathbb{E}[X^4] = \sum\limits_{i=1}^{\infty} p_i x_i^4 < \infty$, 则博雷尔 (E. Borel) 强大数定律可以表述为: $\frac{S_N}{N}$ 以概率 1 收敛到 m, 即

$$\mathbb{P}\left(\lim_{N\to\infty} \frac{S_N}{N} = m\right) = 1.$$

进一步, 柯尔莫哥洛夫 (A. Kolmogorov) 证明: 对于独立同分布随机变量列 $X_1, \cdots, X_N, \cdots$, 如果 X_1 为可积随机变量, 即 $\mathbb{E}[|X_1|] = \sum\limits_{i=1}^{\infty} p_i |x_i| < \infty$, 则强大数定律的结论仍然成立.

下面我们来看概率论中另一个重要的结果——中心极限定理.

上面我们介绍了伯努利大数定律, $\frac{S_N}{N}$ 依概率收敛到 p. 1716 年前后, 法国数学家棣莫弗 (A. De Moivre, 1667—1754) 对 N 次抛硬币试验进行研究, 证明了关于对称伯努利随机变量列的中心极限定理, 这是历史上第一个中心极限定理.

其后, 法国数学家拉普拉斯 (Pierre-Simon Laplace, 1749—1827) 在其 1812 年发表的巨著《概率的解析理论》(*Théorie Analytique des Probabilités*) 中推广了棣莫弗的结果, 对非对称二项分布证明了中心极限定理. 概言之, 棣莫弗–拉普拉斯中心极限定理可以表述为: 设 $X_1, \cdots, X_N, \cdots$ 为独立同分布伯努利随机变量列, $\mathbb{P}(X = 1) = p$, $\mathbb{P}(X = 0) = q$. 记 $S_N = X_1 + \cdots + X_N$. 设 $a < b$ 为两个任意实

数, 则

$$\lim_{N\to\infty}\mathbb{P}\left(a\leqslant\frac{S_N-Np}{\sqrt{Npq}}\leqslant b\right)=\frac{1}{\sqrt{2\pi}}\int_a^b e^{-\frac{x^2}{2}}dx.$$

也就是说, 经过中心化和标准化处理后的随机变量 $\dfrac{S_N-Np}{\sqrt{Npq}}$ 的概率分布的极限分布是标准正态分布.

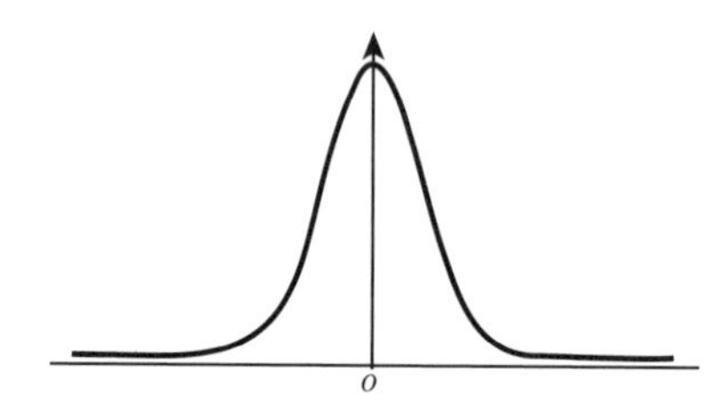

图 4　正态分布的密度函数

1901 年, 俄国数学家李雅普诺夫 (A. Lyapunov, 1857—1918) 对独立随机变量列证明了中心极限定理. 1920 年, 芬兰数学家林德伯格 (J. W. Lindeberg, 1876—1932) 在更一般的条件下证明了独立随机变量列的中心极限定理. 1919—1925 年期间, 法国数学家莱维 (P. Lévy) 系统地发展了特征函数方法, 给出了独立同分布随机变量列的中心极限定理的证明. 1935 年前后, 莱维实质上引进了后来被称为鞅性的 C-条件, 将中心极限定理推广到非独立随机变量列的情形, 证明了首个鞅中心极限定理. 如今, 中心极限定理已成为概率论中最为重要的定理之一, 在数理统计和许多其他学科中有重要的应用.

关于中心极限定理右边的极限分布–正态分布, 有一个很直观的形象说明, 即英国生物统计学家高尔顿 (F. Galton) 设计的钉板试验, 其目的是利用统计学研究遗传进化问题.

高尔顿在 1873 年设计了一个用来演示对称随机游动的渐近分布服从正态分布的实验装置. 它是由 N 层圆钉组成的一个竖立的直板, 每一对相邻圆钉之间的距离均相等, 上一层的每一颗圆钉的水平位置恰好位于下一层的两颗正中间. 从入口处放进一个直径略小于两颗圆钉之间的距离的小圆玻璃球, 当小圆球向下降落过程中, 碰到圆钉后以 1/2 的概率随机地向左或向右滚下, 于是又碰到下一层钉子 …… 如此继续下去, 直到滚到底板的一个格子内为止. 这个试验的结果显示: 当小球数 N 充分大时, 它们在底板将堆积成与正态分布的密度函数曲线相似的钟形曲线.

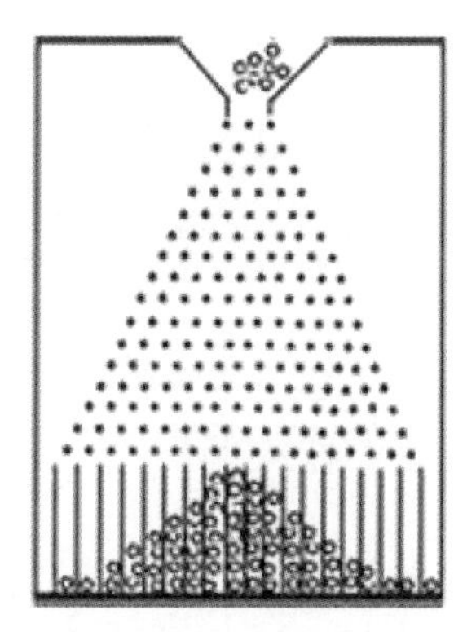

图 5 高尔顿板钉实验

附带说一下: 正态分布常常被称为以德国著名数学家高斯 (C. F. Gauss) 的名字冠名的高斯分布. 实际上, 高斯本人对中心极限定理研究所作的贡献并不大. 在法国数学家莱维 1948 年的著作《随机过程与布朗运动》(*Processus Stochastiques et Mouvement Brownien*) 中, 正态分布被称为拉普拉斯分布. 如果我们从中心极限定理的历史发展来看, 似乎有理由觉得称正态分布为拉普拉斯分布比称为高斯分布更加合理.

让我们来看一看伯努利试验的熵和大偏差 (large deviation) 之间的关系. 在 N 次独立伯努利试验中, 硬币 k 次正面朝上和 $N-k$ 反面朝上的概率由下式给出

$$\mathbb{P}(S_N = k) = C_N^k p^k q^{N-k} = \frac{N!}{k!(N-k)!} p^k q^{N-k}.$$

令 $x = \dfrac{k}{N}$, $y = \dfrac{N-k}{N}$. 由 6.2 节我们知道, 当 k 和 $N-k$ 都充分大时,

利用 Stirling 公式我们有

$$C_N^k \simeq \frac{1}{\sqrt{2\pi Nxy}} e^{-N(x\log x + y\log y)},$$

$$\mathbb{P}(S_N = k) \simeq \frac{1}{\sqrt{2\pi Nxy}} \exp\left\{Nx\log p/x + Ny\log q/y\right\}.$$

在约束条件 $0 \leqslant x, y \leqslant 1$ 及 $x + y = 1$ 下, 由拉格朗日乘子法, 当且仅当

$$x \simeq p, \quad y \simeq q$$

时, $\mathbb{P}(S_N = k)$ 取得最大值. 此时, 我们有

$$C_N^k \simeq \frac{1}{\sqrt{2\pi Npq}} e^{NH(p,q)},$$

其中

$$H(p,q) = -(p\log p + q\log q)$$

就是伯努利分布 $\pi_p = (p,q)$ 的熵.

进一步, 可以证明: 对于非最大值处的 x 和 y, 当 N 充分大时, 我们有以下渐近公式[49]

$$\mathbb{P}(S_N = xN) = e^{-N(I(x,p)+o(1))},$$

这里 $o(1)$ 表示当 N 趋于无穷大时收敛到零的一个无穷小量, 而

$$I(x,p) = x\log\frac{x}{p} + y\log\frac{y}{q}. \tag{13}$$

公式 (13) 的 $I(x,p)$ 给出了概率值 $\mathbb{P}(S_N = xN)$ 衰减到零的指数速率函数, 称为大偏差速率函数 (the large deviation rate function). 这是大偏差理论 (large deviation theory) 中的一个重要例子.

事实上, $I(x,p)$ 就是信息论中伯努利分布 $\pi_x := (x, 1-x)$ 关于另一个伯努利分布 $\pi_p := (p, 1-p)$ 的相对熵, 又称为 π_x 相对于 π_p 的

Kullback-Leibler 散度. 一般地, 给定两个离散概率分布 $\pi_x=(x_1,\cdots,x_n)$ 与 $\pi_p=(p_1,\cdots,p_n)$, 则 π_x 关于 π_p 的相对熵或 Kullback-Leibler 散度定义为

$$D(\pi_x|\pi_p)=\sum_{i=1}^{n}x_i\log\frac{x_i}{p_i}.$$

注意

$$D(\pi_x|\pi_p)\geqslant 0,$$

且

$$D(\pi_x|\pi_p)=0$$

当且仅当 $\pi_x=\pi_p$.

在某种意义下, Kullback-Leibler 散度提供了测量概率测度之间距离的一种有效方式. 但是, 它并不是一个真正的度量, 因为它不满足对称性:

$$D(\pi_x|\pi_p)\neq D(\pi_p|\pi_x).$$

在此我们指出: Kullback-Leibler 散度在机器学习特别是深度学习中有重要的应用. 限于篇幅, 我们在此就不做深入介绍了. 请感兴趣的读者阅读文献 [2, 39]. 关于机器学习中的数学理论的深刻论述, 请读者参看鄂维南院士在 2022 年国际数学家大会上所作的一小时大会报告[14].

概率统计中的中心极限定理与统计力学中的熵和热力学第二定律有着深刻的联系. 根据玻尔兹曼熵公式, 在宏观状态满足质量守恒 $\sum\limits_{i=1}^{n}N_i=N$ 及能量守恒 $\sum\limits_{i=1}^{n}N_iE_i=E$ 的约束条件下, 熵 S 在最可能的微观状态时达到其最大值. 吉布斯 (J. W. Gibbs) 与杰恩斯 (E. T. Jaynes) 进一步扩展了最大熵原理, 参见 [16, 24].

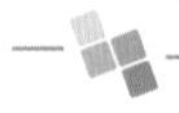

根据最大熵原理, 微观状态系统的最可能分布是在合理的宏观状态约束条件下 (例如, 质量守恒、能量守恒、动量守恒或角动量守恒), 使得玻尔兹曼-吉布斯熵达到最大值时对应的概率分布.

利用拉格朗日乘子法, 我们能够证明: 在实数集上关于勒贝格测度具有概率密度函数的概率分布中, 如果给定其平均值与方差, 则正态分布是满足最大熵原理的唯一分布. 确切地说, 我们有以下定理: 记 $\mathcal{D}=\{\mu=f(x)dx\in\mathscr{P}(\mathbb{R}):\int_{\mathbb{R}}xd\mu(x)=0,\ \int_{\mathbb{R}}x^2d\mu(x)=1\}$. 则标准正态分布

$$d\gamma(x)=\frac{1}{\sqrt{2\pi}}e^{-\frac{x^2}{2}}dx$$

是香农熵

$$H(\mu)=-\int_{\mathbb{R}}f(x)\log f(x)dx$$

达到最大值 (等价地说, 玻尔兹曼熵达到最小值) 时对应的唯一概率分布, 即

$$\gamma=\arg\max\{H(\mu):\mu\in\mathcal{D}\}.$$

这一结果从最大熵原理的角度给出了中心极限定理的一个证明: 根据热力学第二定律, 孤立系统的熵将随着时间增加到其最大值, 而正态分布是在期望为零、二阶矩给定的约束条件下使得熵达到最大值的唯一分布. 因此, 从这个意义上来说, 系统的分布将按照熵增的方式趋近于正态分布. 利用信息论中的 Csiszar-Kullback-Pinsker 不等式, 随机变量列的按照熵收敛比它依分布收敛更强, 从而由最大熵原理证明了中心极限定理.

给一个很形象的例子, 如果有一个容量非常大的教室或电影院, 每一个听课的学生或看电影的观众可以以相同的概率自由选择座位. 那么当学生或观众的人数相当大的时候, 他们所选择的座位会呈现出一条近似于正态分布的密度函数那样的曲线, 原因就是这样的选择使得其对应的概率分布的熵达到最大值.

6.4 熵与随机矩阵

随机矩阵 (random matrix) 起源于多元统计分析. 1928 年, 英国著名统计学家威沙特 (J. Wishart) 给出了 Wishart 矩阵的特征值分布. 其后, 我国著名统计学家许宝騄先生对此结果给出了非常漂亮的新证明. 在 20 世纪 50 年代和 60 年代, 受量子物理和核物理研究的驱动, 匈牙利裔美籍物理学家维格纳 (E. Wigner) 与美国物理学家戴森 (F. Dyson) 等对随机矩阵理论的发展作出了开创性的贡献. 华罗庚先生关于典型域上多复变函数论的研究成果[23] 对随机矩阵的后续发展起到了重要的推动. 近三十年来, 随机矩阵理论的研究已成为数学、物理研究中备受关注的前沿课题, 在包括大规模无线通信系统和金融在内的许多领域中有重要的应用.

量子力学中的无序系统是用具有随机位势的薛定谔 (Schrödinger) 算子来模拟的. 作为一个经典的例子, 考虑描述无序环境中电子传播的安德森模型, 相应的薛定谔算子的形式为 $H = -\Delta + \lambda V$, 其中 V 为随机位势, 参数 λ 表示无序的强度. 薛定谔算子是一个无穷维希尔伯特 (Hilbert) 空间上的埃尔米特算子, 其特征值和连续谱对应于量子力学系统的能级 (energy level). 由于位势的随机性, 需要对能级进行统计研究. 这种对复杂且具有随机位势的量子力学系统进行能级的统计平均, 在核反应问题的研究中具有十分重要的意义. 参见 [1, 31].

1955 年, 维格纳[55] 首次把随机矩阵与原子核物理联系起来了, 提出用大维数随机矩阵的特征值的统计分布来研究原子核物理中的随机薛定谔算子的能级分布, 并且发现了著名的半圆律 (semi-circular law). 1958 年, 维格纳[56] 证明了随机矩阵理论中的第一个标志性结果——关于维格纳随机矩阵的特征值的经验测度的极限定理.

1962 年, 戴森发表了五篇在随机矩阵理论的发展历史上具有奠基性作用的论文. 在这些论文中, 戴森证明了由随机矩阵理论所描述的物理体系可以按照其在时间反演变换作用下的性质分为酉系综、正交系综及辛系综等三种类型. 在 [13] 中, 戴森引进并刻画了埃尔米特矩阵值布朗运动的特征值过程, 现被称为戴森布朗运动 (Dyson Brownian motion).

下面, 我们借助高斯酉系综来介绍熵与维格纳半圆律之间的深刻联系.

我们考虑所有 N 阶埃尔米特矩阵 (Hermitian matrix) 全体所构成的集合, 记为 H_N, 其中的每一个矩阵记为 $H=(z_{i,j})$, $z_{i,j}=\bar{z}_{j,i}$, 其对角线上的元素为 $z_{i,i}=x_{i,i}$, 而非对角线上的元素 $z_{i,j}=\dfrac{x_{i,j}+\sqrt{-1}y_{i,j}}{\sqrt{2}}$, $i<j$. 假定对任意 $1\leqslant i\leqslant j\leqslant N$, $x_{i,j}$ 与 $y_{i,j}$ 为彼此相互独立的高斯随机变量, 且 $\mathbb{E}[x_{i,j}]=\mathbb{E}[y_{i,j}]=0$, $\mathbb{E}[x_{i,j}^2]=\mathbb{E}[y_{i,j}^2]=1/N$. 在随机矩阵理论中, 我们称这样的矩阵模型为高斯酉系综 (Gaussian unitary ensemble).

设 $\lambda_1,\cdots,\lambda_N$ 为 H 的 N 个特征值 (又称为谱). 熟知, H 具有以下概率分布

$$d\mathbb{P}_N(H)=\frac{1}{C_N}e^{-N\mathrm{Tr}(H^2)/2}dH,$$

其中 $dH=\prod\limits_{i,j=1}^{N}dx_{ij}dy_{ij}$, $\mathrm{Tr}(H^2)=\sum\limits_{i=1}^{N}\lambda_i^2$, C_N 为归一化常数, 使得 $\mathbb{P}_N(H_N)=1$. 事实上,

$$C_N=\frac{2^{N/2}\pi^{N^2/2}}{N^{N^2/2}}.$$

进一步可以证明, 当 H 服从上述概率分布时, 其特征值 $(\lambda_1,\cdots,\lambda_N)$ 服从 N 维欧氏空间 $\mathbb{R}^N$ 上的以下概率分布

$$d\rho_N(\lambda_1,\cdots,\lambda_N)=\frac{1}{Z_N}1_{\lambda_1\leqslant\cdots\leqslant\lambda_N}\prod_{1\leqslant i<j\leqslant N}|\lambda_i-\lambda_j|^2e^{-N\sum\limits_{i=1}^{N}\lambda_i^2/2}d\lambda_1\cdots d\lambda_N,$$

其中 Z_N 为归一化常数, 使得 $\displaystyle\int_{\mathbb{R}^N}d\rho_N(\lambda_1,\cdots,\lambda_N)=1$. 事实上, 利用外尔和华罗庚 (Weyl-Hua) 关于酉群上的哈尔 (Haar) 测度的积分理

论[23, 53], 经计算可以证明

$$Z_N = \frac{(2\pi)^{N/2}}{N^{N^2/2}} \prod_{j=1}^{N} \Gamma(j),$$

这里 $\Gamma(j) = (j-1)!$.

一般地, 可以考虑 N 阶埃尔米特矩阵 $Z = (z_{i,j})$, 其中 $z_{i,j} = \bar{z}_{j,i}$, 且对 $\{z_{i,j}, i < j\}$ 与 $\{z_{i,i}, i\}$ 为两组相互独立的同分布复数值随机变量列. 对任意 $1 \leqslant i \leqslant j \leqslant N$, 假定 $\mathbb{E}[z_{i,j}] = 0$, $\mathbb{E}[z_{i,j}^2] = 1/N$. 这类矩阵的全体称为复维格纳系综 (complex Wigner ensemble). 显然, 高斯西系综是复维格纳系综的子系综.

定义谱测度 (又称为经验测度)

$$L_N = \frac{1}{N} \sum_{i=1}^{N} \delta_{\lambda_i},$$

这里 δ_{λ_i} 表示 λ_i 处的单点分布, 即 λ_i 处的狄拉克 (Dirac) 分布.

设 $I=(a,b)$ 为实数集上的一个区间, 则 $L_N(I) = \dfrac{\sharp\{1 \leqslant i \leqslant N : \lambda_i \in (a,b)\}}{N}$, 这里 $\sharp\{1 \leqslant i \leqslant N : \lambda_i \in (a,b)\}$ 表示 N 个特征值中落在区间 (a,b) 中的那些 λ_i 的个数. 因为 $(\lambda, \cdots, \lambda_N)$ 是随机的, 所以这个谱测度 L_N 是一个定义在实数集上的随机概率测度.

1958 年, 维格纳[56] 证明: 当 N 趋于无穷大时, 经验测度 L_N 依期望弱收敛到一个极限分布 μ_{SC}. 确切地说, 对于任何有界连续函数 $f : \mathbb{R} \to \mathbb{R}$, 我们有

$$\lim_{N\to\infty} \mathbb{E}[L_N(f)] = \int_{\mathbb{R}} f(x) d\mu_{\mathrm{SC}}(x).$$

特别地, 对任意实数 $a < b$, 我们有

$$\lim_{N\to\infty} \mathbb{E}[L_N(a,b)] = \mu_{\mathrm{SC}}(a,b).$$

这里, μ_{SC} 是实数集 $\mathbb{R}$ 上的概率测度, 具有以下表达式

$$d\mu_{\mathrm{SC}}(x)=\frac{1}{2\pi}\sqrt{4-x^2}1_{[-2,2]}(x)dx. \tag{14}$$

这里 $1_{[-2,2]}(x)$ 为区间 $[-2,2]$ 上的示性函数, 当 $x\in[-2,2]$ 时取值为 1, 当 $x\notin[-2,2]$ 时取值为 0.

上述概率测度 μ_{SC} 就是随机矩阵理论中著名的维格纳半圆律. 这个结果可以看成是经典概率论中的弱大数定律在随机矩阵理论中的对应.

进一步可以证明上述定理的加强形式 ([3, 17]): 当 N 趋于无穷大时, L_N 几乎处处弱收敛到维格纳半圆律. 这就是说: 对于任何有界连续函数 $f:\mathbb{R}\to\mathbb{R}$, 几乎处处地有

$$\lim_{N\to\infty}\frac{1}{N}\sum_{i=1}^{N}f(\lambda_i)=\frac{1}{2\pi}\int_{-2}^{2}f(x)\sqrt{4-x^2}dx,$$

并且对于实数集上的任意区间 $I=(a,b)$, 几乎处处地有

$$\lim_{N\to\infty}\frac{\sharp\{1\leqslant i\leqslant N:\lambda_i\in(a,b)\}}{N}=\frac{1}{2\pi}\int_a^b\sqrt{4-x^2}1_{[-2,2]}(x)dx.$$

这个结果可以看成是经典概率论中的强大数定律在随机矩阵理论中的对应.

根据沃伊库列斯库 (D. Voiculescu) 所创立的自由概率论 (Free Probability Theory) 的观点, 维格纳半圆律 μ_{SC} 是具有对数交互作用和平方外场位势的交互作用熵的唯一极小点, 即满足

$$\Sigma(\mu_{\mathrm{SC}})=\min_{\mu\in\mathscr{P}(\mathbb{R})}\Sigma(\mu), \tag{15}$$

其中 $\Sigma:\mathscr{P}(\mathbb{R})\to\mathbb{R}$ 为定义在实数集 $\mathbb{R}$ 上的所有概率测度集合 $\mathscr{P}(\mathbb{R})$ 上的一个泛函, 称为沃伊库列斯库自由熵 (Voiculescu's free entropy), 其

定义为

$$\Sigma(\mu) = -\int_{\mathbb{R}}\int_{\mathbb{R}} \log|x-y|d\mu(x)d\mu(y) + \frac{1}{2}\int_{\mathbb{R}} |x|^2 d\mu(x). \tag{16}$$

从这个意义上来说, 维格纳半圆律可以被视为自由概率论中的正态分布, 而维格纳定理可以看成是自由概率论中的中心极限定理. 1997 年, 法国数学家 G. Ben Arous 和 A. Guionnet[4] 证明了关于维格纳半圆律的大偏差定理, 其大偏差速率函数就是关于维格纳半圆律的沃伊库列斯库相对熵. 这一结论可以推广到具有对数库仑交互作用和一般外场位势的贝塔系综 (β-ensemble).

随机矩阵与黎曼假设 (七大千禧年问题之一) 及代数几何中模空间的相交理论 (Witten 猜想) 有着深刻的联系. 感兴趣的读者可以阅读有关文献 [3, 31, 27, 57] 及科普著作 [30], 也可以阅读席南华院士关于黎曼假设的介绍性文章 [59].

关于随机矩阵的最新研究成果及其与自由概率论和映射的计数之间的深刻联系, 包括自由概率论中的最优传输问题, 参看法国数学家 A. Guionnet 在 2022 年国际数学家大会所作的一小时大会报告[18].

6.5 熵与信息

作为不确定性大小的一个精确量化度量, 熵在信息论的发展中扮演了不可替代的重要作用. 从某种意义来说, 正是因为信息论的发展, 人们才更加充分认识到熵的重要性.

关于信息论的专业性著作和科普性著作和文章有很多. 在此, 我们试图从信息论的早期研究及信息论创始人香农的奠基性论文《通信的数学理论》出发, 解释熵与信息之间的本质联系及熵在信息论中的重要作用. 我们先从香农之前人们对信息论的早期研究谈起.

6.5.1 奈奎斯特与哈特莱的工作

通信理论的起源与 20 世纪 20 年代信息理论的早期发展有关. 贝尔实验室的两位研究人员提出了信息论方面的某些初步的思想. 他们的研究都是在事件等概率发生的隐含假设下进行的.

1924 年, 奈奎斯特 (H.Nyquist) 在 [36] 中研究了电报传输系统中情报传输的速率问题. 他证明了以下传输速率公式:

$$W = K\log m,$$

其中 W 是情报的传输速度, m 是系统可以传输的 “当前值”(current value), 相当于字母表中的字母数, K 是一个常数, 表示系统每秒可以发送的当前值数量.

1928 年, 哈特莱 (L.V.R. Hartley) 在 [22] 中提出了信息量的概念. 当一个信号是从一个有限集合中等可能地选取时, 它的所有可能的选取的总数或者这个总数的任意单调函数都可以被视为信息的量化度量, 简称信息量. 哈特利指出, 对数函数是这个单调函数最自然的选择. 基于这种选择, 哈特莱证明了信息传播速率的以下公式

$$H = k\log S^n,$$

其中 S 是所有可能字符的总数, n 是在信号传输中的消息长度, k 是每秒所发送的符号数, H 为信息的传播速率.

6.5.2 香农: 信息量 = 熵

基于奈奎斯特和哈特莱先前的研究成果, 信息论创始人香农 (C. E. Shannon) 在其 1948 年发表的论文《通信的数学理论》[40] 中, 给出了 “不确定性” 的度量 (即信息量) 的精确定义.

香农首先指出: “ 通信的基本问题是, 在一点上准确或近似地再现在另一点上选择的消息. 信息往往有意义, 也就是说, 它们指代或根据某些系统与某些物理或概念实体相关联. 通信的这些语义方面的与工程问

题无关. 重要的方面是, 实际消息是从一组可能的消息中选择的. 系统必须设计为针对每个可能的选择进行操作, 而不仅仅是为实际的选择而设计, 因为这在设计时是未知的."

假定有一个由可能事件 $A_1, \cdots, A_n$ 组成的集合, 我们只知道这些事件发生的概率分别为 $p_1, p_2, \cdots, p_n$, 但我们并不知道到底哪个事件 A_i 会发生. 我们能否找到一种度量, 它可以告诉我们在这些可能发生的事件作选择时到底有多少 "选择", 或者告诉我们在输出的结果中到底有多大的 "不确定性"?

香农指出: 给定一个概率分布 $(p_1, p_2, \cdots, p_n)$, 其不确定性的大小可以用一个满足下述三条性质的函数 $H(p_1, p_2, \cdots, p_n)$ 来度量:

- H 应该关于 p_i 连续;
- $H\left(\frac{1}{n}, \cdots, \frac{1}{n}\right)$ 是 n 的单调递增函数. 对于等可能事件, 可供选择的总数 n 越大, 就会有更大的不确定性;
- 如果一个选择被分解成两个连续的选择, 原始的 H 应该是每个选择值 H 的加权和.

  如图 6 所示[①], 在左边我们有三种可能的选择, 其概率分别为 $p_1 = \frac{1}{2}, p_2 = \frac{1}{3}, p_3 = \frac{1}{6}$. 在右边我们首先在两种可能性中进行选择, 每种可能性的概率为 $\frac{1}{2}$, 如果第二种情况发生, 则做出另一种选择, 概率为 $\frac{2}{3}$ 和 $\frac{1}{3}$, 最终结果的概率与之前相同. 在这种特殊情况下, 我们要求

  $$H(1/2, 1/3, 1/6) = H(1/2, 1/2) + \frac{1}{2} H(2/3, 1/3),$$

  系数 $\frac{1}{2}$ 是因为第二种选择只出现了 $\frac{1}{2}$ 的概率.

① 引自香农 1948 年的论文 [40].

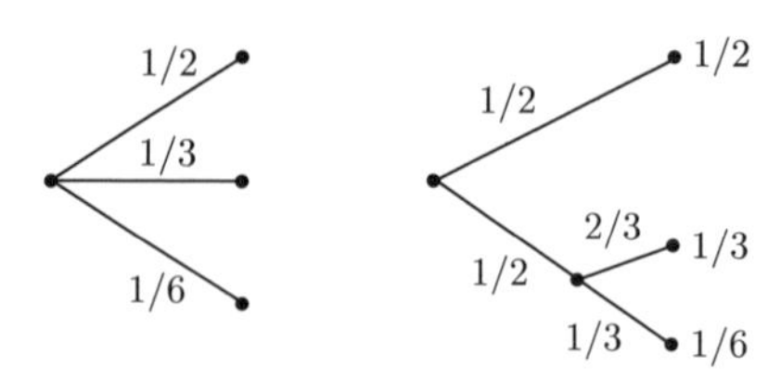

图 6　概率的分解

香农证明: **满足上面三条性质的 H 具有如下唯一的形式**

$$H=-K\sum_{i=1}^{n}p_i\log_a p_i,$$

其中 a 和 K 是两个正常数.

如果我们取 $a=2$ 作为对数的底数, 并取 $K=1$, 则以等概率分布 $p_1=p_2=1/2$ 从 $\{0,1\}$ 中选取 0 或 1 对应的 H 值为

$$H\left(1/2,1/2\right)=-\log_2\frac{1}{2}=1.$$

基于此, 信息量的单位称为比特 (bit).

我们称

$$H(p_1,\cdots,p_n)=-\sum_{i=1}^{n}p_i\log_2 p_i \tag{17}$$

为概率分布 $(p_1,\cdots,p_n)$ 的香农信息量, 用来度量其不确定性的大小.

香农指出[①]: "形如 $H=-K\sum p_i\log p_i$ 的量 (常数 K 只与该度量的单位选取有关), 作为信息、选择和不确定性的度量, 在信息论中起着

① Quantities of the form $H=-K\sum p_i\log p_i$ (the constant K merely amounts to a choice of a unit of measure) play a central role in information theory as measures of information, choice and uncertainty. The form of H will be recognized as that of entropy as defined in certain formulations of statistical mechanics where p_i is the probability of a system being in cell i of its phase space. H is then, for example, the H in Boltzmann's famous H-theorem. We shall call $H=-\sum p_i\log p_i$ the entropy of the set of probabilities $p_1,\cdots,p_n$.

核心作用. H 的这个形式可以被认为是统计力学中的某些公式中所定义的熵①, 其中 p_i 是一个系统在其相空间中第 i 个单元格中的概率. 例如, 这里的 H 就是玻尔兹曼著名的 H-定理中的 H".

严格地说, 香农所定义的 $H=-\sum p_i \log p_i$ 与玻尔兹曼 H-定理中的 $H=\sum p_i \log p_i$ 实际上相差一个负号.

特别地, 伯努利分布 $\pi_p=(p,q)$ 的香农熵和信息量为

$$H(p,q)=-p\log_2 p-q\log_2 q,$$

其中 $0\leqslant p,q\leqslant 1$ 满足 $p+q=1$. 参见 6.3 节中关于伯努利分布的熵的相关讨论.

从图 7 我们很容易看出: 对于伯努利分布而言, $H(p,q)=H(q,p)$, 并且当且仅当 $p=q=\dfrac{1}{2}$ 时, $H(p,q)$ 的值达到最大.

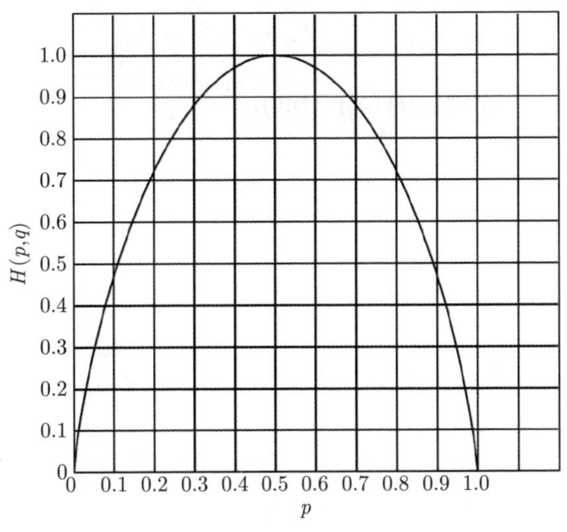

图 7　伯努利分布的熵

香农本人可能一开始并没有特别意识到他引进的信息量与热力学

① 比如, 可参阅 R. C. Tolman, Principles of Statistical Mechanics, Oxford, Clarendon, 1938. —— 香农原文中的脚注.

熵之间的相似之处, 但冯・诺伊曼 (von Neumann) 早在 1927 年引进量子力学中的熵的时候就已经意识到了量子熵与玻尔兹曼熵之间的相似性. 根据香农后来的回忆, 当他还没有给他引进的 H 这个量一个合适的名字的时候, 冯・诺伊曼对他说:

"你应该叫它熵. 有两个原因, 首先, 不确定性函数在统计力学中已经用过了, 所以它已经有了一个名字, 这就是熵; 其次, 更重要的是, 没有人真正知道熵到底是什么, 所以在辩论中你总是有优势[①]."

因此, 在香农信息论中, **信息量 = 熵!**

图 8　香农

6.5.3　香农信源编码定理

作为香农熵在信息论中第一个重要的应用, 我们介绍香农信源编码定理. 这个定理实质上就是上一节介绍过的弱大数定律在独立同分布随

---

① As reported in a famous anecdote, the name of H was suggested to Shannon by von Neumann, in Shannon's words: My greatest concern was what to call it. I thought of calling it "information", but the word was overly used, so I decided to call it "uncertainty". When I discussed it with John von Neumann, he had a better idea. Von Neumann told me, "You should call it entropy, for two reasons. In the first place your uncertainty function has been used in statistical mechanics under that name, so it already has a name. In the second place, and more important, no one really knows what entropy really is, so in a debate you will always have the advantage."

机信号序列中的应用.

如果我们发射 N 个信号, 每个信号选自备用的信号字母集 $\mathcal{A}$, 比如 $\mathcal{A}$ 是由 26 个英文字母和空格组成, 或者 $\mathcal{A}$ 是由 $0,1,2,\cdots,9$ 等 10 个自然数组成. 不妨把字母表记为 $\mathcal{A}=\{a_1,\cdots,a_n\}$, n 是字母表的长度, $a_1,a_2,\cdots,a_n$ 是其中的字母.

假设每发射一个信号的时候, 这个信号是字母 $a_1,a_2,\cdots,a_n$ 的概率分别为 $p_1,p_2,\cdots,p_n$, 并假设每一次发射的结果之间是彼此独立的, 那么发射 N 个信号后, 就得到一个随机序列 $X_1,\cdots,X_N$, 每个 X_i 是取值于字母集 $\{a_1,a_2,\cdots,a_n\}$ 的随机变量, 且对于每一个 $i=1,\cdots,N$ 和每一个 $j=1,\cdots,n$, X_i 取值为 a_j 的概率为 $\mathbb{P}(X_i=a_j)=p_j$, 这样 N 个连续发射的信号构成的信号序列 $X^N:=(X_1,\cdots,X_i,\cdots,X_N)$ 取值 $a^N:=(a_{j_1},\cdots,a_{j_i},\cdots,a_{j_N})$ 的概率就应该是 X_i 取值 a_{j_i} 这 N 个独立事件的概率的乘积, 用公式表示就是

$$\mathbb{P}\left(X^N=a^N\right)=\prod_{i=1}^{N}\mathbb{P}(X_i=a_{j_i}).$$

对两边取对数, 我们就得到

$$\log_2\mathbb{P}\left(X^N=a^N\right)=\sum_{i=1}^{N}\log_2\mathbb{P}(X_i=a_{j_i}).$$

香农在《通信的数学理论》中证明了著名的信源编码定理. 该定理可以叙述如下: 记 $p:=\mathbb{P}(X^N=a^N)$. 给定任意的 $\varepsilon>0$ 和 $\delta>0$, 我们可以找到一个 $N(\varepsilon,\delta)$, 使得任意长度 $N\geqslant N(\varepsilon,\delta)$ 的序列 $X=(X_1,\cdots,X_N)$ 可分为两类: 第一类是总概率小于 δ 的集合, 它满足不等式

$$\mathbb{P}\left(\left|\frac{\log_2 p^{-1}}{N}-H\right|\geqslant\varepsilon\right)\leqslant\delta.$$

第二类是第一类集合的补集, 其所有成员都满足不等式[①]

$$\left|\frac{\log_2 p^{-1}}{N} - H\right| < \varepsilon. \tag{18}$$

换句话说, 当 N 充分大时, 我们可以以几乎接近于 1 的概率使得 $\dfrac{\log p^{-1}}{N}$ 非常接近字母集的香农熵 H. 第二类集合的概率大于 $1-\delta$, 其中的成员称为典型信号. 根据香农信源编码定理, 可以证明: 第二类集合中大约有 2^{NH} 个的典型信号.

6.5.4 香农信道容量定理

在香农 1948 年信息论的文章中, 他给出了信道的定义: 信道是一个三元组 $(X, P(Y|X), Y)$, 其中 X 是表示输入信号的随机变量, Y 是表示输出信号的随机变量, $P(Y|X)$ 是从输入信号到输出信号的转移概率, 定义为

$$P(y|x) = \mathbb{P}(Y = y|X = x).$$

该转移概率矩阵表示在我们发送信号 $X = x$ 的情况下观察到输出信号 $Y = y$ 的概率. 如果转移概率仅依赖于当时的输入, 并且关于当前状态条件独立于当前状态之前的输入或输出信号件, 那么就称该信道称为无记忆信道. 按照概率论的专业术语, 称之为马尔可夫 (Markov) 信道.

信息论中一个关键的问题是: 给定一个通信信道, 它能够有效传输信源信号的最大速率有多大? 这就是通信信道中信道容量的定义和计算问题.

为了定义信道容量, 香农首先引进了条件熵与联合熵: 设 $p(x,y)$ 为 X 与 Y 的联合概率分布, 即 $p(x,y) = P(X = x, Y = y)$, $(x,y) \in \mathcal{X} \times \mathcal{Y}$, 其中 $\mathcal{X}$ 和 $\mathcal{Y}$ 分别为输入信号 X 和输出信号 Y 所有的取值所构成的集合. 记 $p_Y(y)$ 为输出信号 Y 取值 y 的概率, 即 $P_Y(y) = P(Y = y)$.

---

① 对比 6.2 节《熵的统计物理解释》中的玻尔兹曼公式 (7).

- 输入信号 X 与输出信号 Y 之间的联合熵定义为

$$H(X,Y) = -\sum_{(x,y)\in\mathcal{X}\times\mathcal{Y}} p(x,y)\log_2 p(x,y).$$

- 在已知输出信号 Y 的条件下, 输入信号 X 的条件熵 $H(X|Y)$ 定义为

$$H(X|Y) = -\sum_{(x,y)\in\mathcal{X}\times\mathcal{Y}} p(x,y)\log_2 \frac{p(x,y)}{p_Y(y)}.$$

  香农称条件熵 $H(X|Y)$ 为“疑义度”, 说“它度量了输出信号的平均模糊度”.

- 条件熵与联合熵之间有如下关系式:

$$H(X,Y) = H(Y) + H(X|Y) = H(X) + H(Y|X). \tag{19}$$

在此基础上, 香农定义了信道的传送速率

$$R = H(X) - H(X|Y).$$

在信息论中, 信道传送速率 R 又称为互信息, 记为 $I(X;Y)$. 它可以理解为“通过对输出信号 Y 的了解而消除的 X 的不确定性”的度量.

香农将信道容量定义为

$$C = \max_{P_X}(H(X) - H(X|Y)),$$

其中最大值是针对所有可以用作信道输入的信源信号 X 的分布 P_X 取的. 他指出: “一个有噪声信道的容量应当是可能实现的最大传送速率, 也就是说, 在信源与信道恰好匹配时的速率.”

香农证明了离散信道编码定理. 该定理可以叙述如下: 设一个离散信道的容量为 C, 一个离散信源的熵 (每秒) 为 H. 如果 $H \leqslant C$, 则存

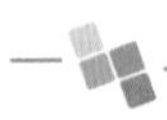

在一个编码系统, 可以通过该信道传送该信源的输出内容, 使得错误频率任意小 (或者说, 疑义度任意小). 如果 $H > C$, 则有可能对信源进行编码, 使得疑义度小于 $H - C + \varepsilon$, 其中 ε 为任意小. 不存在能够使疑义度小于 $H - C$ 的编码方法.

大致地说, 香农信道编码定理的意思是, 对于小于信道容量值的任意速率, 可以设计出误差概率任意小的信号编码. 而对于大于信道容量值的任意速率, 一定会有某种编码方式使得其出错概率不能任意小.

特别地, 香农对可加高斯白噪声信道 (AGWN) 证明了著名的信道容量公式. 确切地说, 考虑 AGWN 信道 $Y = X + Z$, 其中 X 和 Z 为两个独立的 n 维随机变量, Z 为 n-维高斯随机变量, 均值为零、方差为 N(称为平均噪声功率), 而输入信号 X 的方差 $\mathbb{E}[|X|^2]$(称为输入信号的平均功率) 以常数 P 为上界, 则 **AGWN 信道容量有以下表达式**

$$C = \frac{n}{2}\log\left(1 + \frac{P}{N}\right).$$

从香农信道容量的定义和香农信道编码定理, 我们可以得知: 信道容量 C 就是信息在通信信道上可靠传输速率的严格上限, 即所谓的**香农极限** (Shannon limit)!

在此, 我们提一个**后香农时代信息论的挑战性问题: 对于超大规模的通信信道, 能否突破其香农极限?** 对于这个问题的研究, 需要有新的思路.

6.5.5 量子信息论

量子信息论, 包括量子信息和量子计算, 是量子力学与信息论的交叉学科. 量子信息论是以量子力学中的量子熵为基础的.

1927 年, 冯 • 诺伊曼引进了量子力学中的量子熵的定义

$$H(\rho) = -\mathrm{tr}(\rho \log \rho),$$

其中 ρ 是量子力学系统的密度矩阵 (density matrix), tr 是求迹运算.

量子通信信道的量子信道容量定义为

$$C = \max_{\rho_X} \mathrm{I}(X,Y),$$

其中

$$\mathrm{I}(X,Y) := H(\rho_X) - H(\rho_X|\rho_Y)$$

为输入量子信号的密度矩阵 ρ_X 与输出量子信号的密度矩阵 ρ_Y 之间的量子互信息, $H(\rho_X|\rho_Y)$ 为在已知输出量子信号 ρ_Y 的条件下输入量子信号 ρ_X 的条件量子信息量.

6.5.6 维纳对信息论的贡献

人们通常认为信息论的创始人是香农. 但事实上, 香农本人在他 1948 年的论文《通信的数学理论》中说过下面一段话① (见原文第 34 页脚注 4):

“通信理论在很大程度上得益于维纳的基本哲学和理论. 他的 NDRC 经典报告《平稳时间序列的内插、外推和平滑》(Wiley, 1949) 包含了将通信理论作为统计问题的第一个明确表述, 即对时间序列运算的研究. 这项工作虽然主要涉及线性预测和滤波问题, 但对于本论文来说是一个重要的辅助参考. 在这里, 我们还可以参考维纳的控制论 (Wiley, 1948), 它处理通信和控制的一般问题. ”

---

① Communication theory is heavily indebted to Wiener for much of its basic philosophy and theory. His classic NDRC report, *The Interpolation, Extrapolation and Smoothing of Stationary Time Series* (Wiley, 1949), contains the first clear-cut formulation of communication theory as a statistical problem, the study of operations on time series. This work, although chiefly concerned with the linear prediction and filtering problem, is an important collateral reference in connection with the present paper. We may also refer here to Wiener's Cybernetics (Wiley, 1948), dealing with the general problems of communication and control.

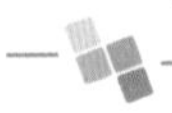

在该文致谢部分, 香农再次强调[①]: "本文的荣誉还应归功于 N. 维纳教授, 他对于过滤问题和平稳系综的预测问题的优雅的解决方案, 极大地影响了作者在这一领域的思维. "

事实上, 维纳独立于香农引进了通信系统中信息量的概念. 香农的文章发表于 1948 年, 而同在 1948 年, 维纳出版了他所创立的控制论的专著 [54].

在该书前言, 维纳指出[②]: "通信工程设计看成一门统计科学, 即统计力学的一个分支."

接着这段话, 维纳进一步指出:

"为了涵盖通信工程的这一方面, 我们必须发展信息量 (the amount of information) 的统计理论, 其中单位信息量是等可能的备选方案之间作出单一决定所包含的信息量. 这一想法几乎同时发生在几位作者身上, 他们是统计学家费歇尔 (R.A. Fisher) 和贝尔电话实验室的香农博士和作者本人. 费歇尔研究这个主题的动机可以在经典统计理论中找到[③]; 香农的动机在信息编码问题中; 而作者本人的动机是为了研究电子滤波器中的噪声和消息问题."

事实上, 早在 1925 年, 英国统计学家费歇尔在他著名的论文《统计

---

① Credit should also be given to Professor N.Wiener, whose elegant solution of the problems of filtering and prediction of stationary ensembles has considerably influenced the writer's thinking in this field.

② In doing this, we have made of communication engineering design a statistical science, a branch of statistical mechanics.

③ To cover this aspect of communication engineering, we had to develop a statistical theory of the amount of information, in which the unit amount of information was that transmitted as a single decision between equally probable alternatives. This idea occurred at about the same time to several writers, among them the statistician R. A. Fisher, Dr. Shannon of the Bell Telephone Laboratories, and the author. Fisher' s motive in studying this subject is to be found in classical statistical theory; that of Shannon in the problem of coding information; and that of the author in the problem of noise and message in electrical filters.

估计的理论》中, 就引进了被称为费歇尔信息量的理论, 这个信息量就是对具有未知参数的可观测随机变量所具有的信息的数量的测量. 在这篇文章中, 费歇尔引进了极大似然估计 (maximum likelihood estimate) 的概念, 还在概率测度构成的集合上引进了费歇尔度量. 这些研究对于现代统计理论及信息几何 (information geometry) 的建立和发展具有里程碑的意义.

维纳指出[①]: "信息量的概念很自然地依附于统计力学中的一个经典概念: 熵. 正如系统中的信息量是对其组织程度的衡量一样, 系统的熵也是对其无序程度的衡量; 一个是另一个的否定. 这一观点引导我们对热力学第二定律进行一些思考, 并研究所谓麦克斯韦妖的可能性. "

与香农关于熵的定义公式 (17) 不同, 维纳在定义熵时使用的符号是正号, 即

$$H = \sum_{i=1}^{n} p_i \log p_i.$$

我们不妨称维纳定义的这个熵为 "负熵", 则 "负熵" 是关于 "有序" 的度量. 在通信中, "负熵" 表示在被噪声感染的消息中所能恢复的信息的量. 实际上维纳的这个 "负熵" 就是玻尔兹曼 1872—1877 年引进的 H, 见 (6).

《控制论》的第三章标题为《时间序列、信息与通信》, 第八章标题为《信息、语言与社会》. 在该书第三章, 维纳引进了熵与相对熵, 将熵

---

① The notion of the amount of information attaches itself very naturally to a classical notion in statistical mechanics: that of entropy. Just as the amount of information in a system is a measure of its degree of organization, so the entropy of a system is a measure of its degree of disorganization; and the one is simply the negative of the other. This point of view leads us to a number of considerations concerning the second law of thermodynamics, and to a study of the possibility of the so-called Maxwell demons.

作为信息的量化测度, 并将相对熵作为信息传播的速率. 他给出了高斯通信信道的容量公式, 即可加高斯信道 AGWN 的香农容量公式. 他还给出了他与香农关于对于连续信道的信息传播速率的合作研究成果.

图 9　维纳与他的《控制论》

维纳在《控制论》的第二章《群与统计力学》中讨论了玻尔兹曼–吉布斯熵、信息量、热力学第二定律与麦克斯韦妖之间的关系. 详见下节.

维纳在《控制论》第五章《计算机与神经系统》的结尾中写了一句名言[①]: "**信息就是信息, 既不是物质, 也不是能量**. 任何不承认这一点的唯物主义在今天都无法生存."

概言之, 信息与物质、能量是有区别的, 但同时信息与物质、能量之间也存在着密切的联系. 物质、能量、信息是构成现实世界的三大要素.

---

① Information is information, not matter or energy. No materialism which does not admit this can survive at the present day.

6.6 麦克斯韦妖与信息热力学

6.6.1 麦克斯韦妖

1867 年, 英国物理学家麦克斯韦在《热理论》一书的最后一章《热力学第二定律的限制》中, 设计了一个假想的存在物, 被后世称为 “麦克斯韦妖”(Maxwell’s demon). 这是物理学历史上著名的四大神兽之一.

在麦克斯韦构想中, 麦克斯韦妖是一个聪明的精灵, 具有极高的智能, 可以追踪每个分子的行踪, 并能辨别出它们各自的速度. 这个理想实验如下:

“我们知道, 在一个温度均匀的充满空气的容器里的分子, 其运动速度并不均匀, 然而任意选取的任何大量分子的平均速度几乎是完全均匀的. 现在让我们假定把这样一个容器分为两部分, A 和 B, 在分界上有一个小孔, 在设想一个能见到单个分子的存在物, 打开或关闭那个小孔, 使得只有快分子从 A 跑向 B, 而慢分子从 B 跑向 A. 这样, 它就在不消耗功的情况下, B 的温度提高, A 的温度降低, 从而与热力学第二定律发生了矛盾”.

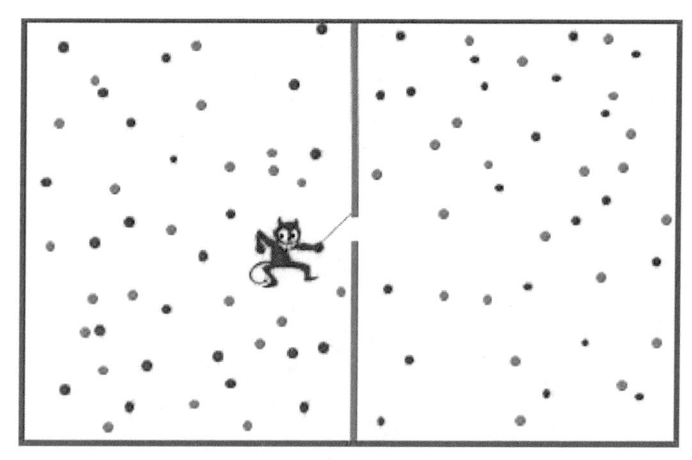

图 10　麦克斯韦妖

最初, 两个腔室处于相同的温度, 由分子的平均动能定义, 它与均方速度成正比. 然而, 有些粒子的运动速度比其他粒子快. 通过打开和关闭隔离墙上的分子大小的活板门, 这个神奇的妖怪可以在一个房间收集速度快的分子, 而在另一个房间收集速度慢的分子. 然后, 这两个腔室包含不同温度的气体, 这种温差可以用来驱动热机, 并产生机械功. 通过收集粒子的位置和速度的信息, 并利用这些信息对它们进行排序, 妖怪能够降低系统的熵并将信息转换为能量. 假设活板门是无摩擦的, 妖怪就可以不做任何工作就能做到这一切——这显然违反了热力学第二定律.

麦克斯韦妖首次揭示了熵与信息之间的关系, 证明通过使用信息, 可以放松第二定律对系统与其周围环境之间能量交换的限制. 但克劳修斯、开尔文勋爵 (Lord Kelvin) 和马克斯・普朗克 (Max Planck) 提出的第二定律却没有提及任何信息. 协调这两个领域涉及两个任务. 首先, 我们必须完善第二定律, 明确纳入信息. 其次, 我们必须澄清信息的物理性质, 使其进入第二定律的不是抽象, 而是物理实体. 这样, 诸如测量、擦除、复制和反馈等信息操作可以被视为具有热力学成本的物理操作.

6.6.2 西拉德论麦克斯韦妖

1929 年, 匈牙利物理学家利奥・西拉德 (Leo Szilard) 发表了一篇有重要影响的论文[46]. 在这篇论文中, “物理熵与信息的关系 (在通信的现代数学理论的意义上) 得到了严格的证明, 麦克斯韦妖被成功驱除. 这是物理概念和认知概念整合的里程碑”(见 [46] 英译本中的评注).

西拉德设计了一个新的模型, 这个模型中仅有一个分子组成的气体, 而圆柱形的容器分隔成两个腔室, 体积分别为 V_1 和 V_2, 两个腔室中间的壁面被一个可移动的活塞所取代, 活塞用一个销钉固定住. 其结果是一个类似比特的双态系统: 最初, 分子以二分之一的概率占据每个室, 通过观察容器, 妖获取关于系统实际状态的信息. 如果分子是在左腔室中被发现的, 妖就会在活塞的左边安装一个重物, 然后松开销钉. 当气体膨

胀时, 活塞被向右推, 重物被重力向上拉. 如果分子是在右腔室中发现的, 那么重物就附着在活塞的右侧. 无论分子在左侧还是在右侧, 活塞的运动对应的气体运动过程都可以被近似看成是等温膨胀可逆过程.

假设一开始活塞正好在中间, 即 $V_1 = V_2$, 则总体积为 $2V_1$. 根据理想气体作等温膨胀的定律, $pV = \kappa T$. 假设粒子在左腔室, 我们可以计算出系统所做的功为

$$W = \int_{V_1}^{2V_1} pdV = \int_{V_1}^{2V_1} \frac{\kappa T}{V} dV = \kappa T \ln 2.$$

这里, p 为气体的压强, V 为气体所占据的体积, κ 是玻尔兹曼常数, T 是气体的温度. 因此, 在等温膨胀可逆过程中, 熵的减少为

$$\Delta S = \frac{Q}{T} = \frac{W}{T} = \kappa \ln 2. \tag{20}$$

同样, 如果分子在右腔, 我们也可以得到同样的结论.

另一方面, 由于分子以二分之一的概率占据左右两室, 它的信息量等于 1 个比特. 因此, $\kappa T \ln 2$ 是可以从 1 个比特的信息量中获得的最大能量.

西拉德提出熵减一定以系统的某种物理量作为补偿, 这一物理量的补偿实际上就是增加信息. 西拉德的工作是信息论的先导, 他给出了计算信息量的公式:

$$s = -\kappa(W_1 \ln W_1 + W_2 \ln W_2),$$

式中, W_i 是两个子系统对应的概率. 西拉德还首次提出了“负熵” (a negative number of the entropy) 这个经典热力学中从未出现过的概念和术语.

西拉德论述道[①]: “我们应该意识到, 第二定律不会像人们想象的那样受到熵减少的威胁, 只要我们看到干预导致的熵减少在任何情况下都会得到完全补偿, 例如, 如果执行这样的测量总是伴随着 $\kappa\log 2$ 单位熵的产生. 在这种情况下, 将有可能找到更普遍的熵定律, 它普遍适用于所有测量. 最后, 我们将考虑一种非常简单 (当然不是活体) 的设备, 它能够连续进行测量, 我们可以很容易地跟踪其‘生物现象’. 通过直接计算, 我们发现, 事实上, 上述更普遍的熵定律所要求的连续熵产生量是由第二定律的有效性衍生而来的.”

为了获知气体分子运动的速度, 妖需要做功, 需要环境中的光和电! 在这个获取信息的过程中会消耗能量, 从而导致整体的熵的增加！因此, 热力学第二定律就不会被违反. 从这个角度来说, 麦克斯韦妖就被西拉德成功地驱除了！

西拉德的工作在历史上第一次给出了信息和熵之间明确的联系. 用现代的语言, 它表明热力学熵和信息熵本质上是等价的, $S=\kappa H$. 公式中玻尔兹曼因子 κ 的引入是出于量纲的考虑, 因为信息熵 H 是无量纲的.

6.6.3 维纳对麦克斯韦妖的论述

维纳在《控制论》的第二章《群与统计力学》最后三页中讨论了信息、热力学第二定律与麦克斯韦妖之间的关系. 在此, 我们不妨整段翻

---

① We shall realize that the Second Law is not threatened as much by this entropy decrease as one would think, as soon as we see that the entropy decrease resulting from the intervention would be compensated completely in any event if the execution of such a measurement were, for instance, always accompanied by production of $\kappa\log 2$ units of entropy. In that case it will be possible to find a more general entropy law, which applies universally to all measurements. Finally we shall consider a very simple (of course, not living) device, that is able to make measurements continually and whose “biological phenomena” we can easily follow. By direct calculation, one finds in fact a continual entropy production of the magnitude required by the above-mentioned more general entropy law derived from the validity of the Second Law.

译一下维纳对麦克斯韦妖的论述.

“统计力学中一个非常重要的概念是麦克斯韦妖. 让我们假设一种气体, 其中粒子在给定温度下以统计平衡的速度分布四处移动. 对于理想气体, 这是麦克斯韦分布. 让这种气体装在一个刚性容器中, 容器上有一堵墙, 里面有一个由守门员操作的小门, 守门员可以是一个拟人的妖, 也可以是一个微小的机械装置. 当大于平均速度的粒子从腔室 A 接近闸门或小于平均速度的粒子从腔室 B 接近闸门时, 守门员打开闸门, 粒子通过; 但当小于平均速度的粒子从腔室 A 接近或大于平均速度的粒子从腔室 B 接近时, 闸门关闭. 这样, 高速粒子的浓度在 B 室中增加, 在 A 室中减少. 这导致熵明显降低; 因此, 如果两个隔间现在由热机连接, 我们似乎得到了第二种永动机.

拒绝麦克斯韦妖提出的问题比回答它更简单. 没有什么比否认这种存在或结构的可能性更容易的了. 事实上, 我们会发现, 严格意义上的麦克斯韦妖不可能存在于一个平衡的系统中, 但如果我们从一开始就接受这一点, 因而不尝试证明这一点, 我们将错过一个极好的机会, 去了解熵以及可能的物理、化学和生物系统.

要让麦克斯韦妖工作, 它必须从接近的粒子那里接收有关粒子速度和撞击墙壁点的信息. 无论这些脉冲是否涉及能量转移, 它们都必须涉及妖和气体的耦合. 现在, 熵增加定律适用于一个完全孤立的系统, 但不适用于这样一个系统的非孤立部分. 因此, 我们唯一关心的熵是气体妖系统的熵, 而不仅仅是气体的熵. 气体熵只是较大系统总熵的一项. 我们能找到与妖有关的熵吗？这部分熵对总熵有贡献吗？我们当然可以. 妖只能对接收到的信息起作用, 正如我们将在后文中看到的那样, 这些信息代表负熵. 这些信息必须通过某种物理过程, 比如某种形式的辐射来传递. 很可能这些信息是在非常低的能量水平上传输的, 在相当长的一段时间内, 粒子和妖之间的能量传递远没有信息传递那么重要. 然而, 在量子力学下, 如果不对被测粒子的能量产生积极影响, 超过取决于被测光频率的最小值, 就不可能获得任何给出粒子位置或动量的信

息, 更不用说两者加在一起了. 因此, 所有的耦合都严格地说是一个包含能量的耦合, 处于统计平衡的系统在熵和能量方面都是平衡的. 从长远来看, 麦克斯韦妖自身会受到与其环境温度相对应的随机运动的影响, 正如莱布尼茨在谈到他的一些单子时所说, 它会受到大量的小印象, 直到陷入"某种眩晕", 无法清晰感知. 事实上, 它不再扮演麦克斯韦妖的角色.

然而, 在妖被解除之前, 可能有一段相当可观的时间间隔, 而这段时间可能会延长到我们可以将妖的活动阶段称为亚稳态. 没有理由假设亚稳妖实际上不存在; 事实上, 酶很可能是亚稳的麦克斯韦妖, 很可能不是通过快粒子和慢粒子之间的分离, 而是通过其他等效过程来降低熵. 我们很可能从这个角度看待活的有机体, 比如人类自己. 当然, 酶和活的有机体都是亚稳的: 酶的稳定状态是去适应的, 而活的有机体的稳定状态是死亡的. 全部的催化剂最终会中毒: 它们会改变反应速率, 但不会改变真正的平衡. 然而, 催化剂和人都有足够确定的亚稳态, 值得承认这些状态是相对永久的条件."

6.6.4 本文作者对麦克斯韦妖的个人见解

基于对西拉德和维纳上述分析的理解, 结合香农的信息论, 笔者对麦克斯韦妖有一些个人见解. 在此, 不妨陈述如下, 供读者批评指正.

如果我们用 X 表示气体, 而用 Y 表示麦克斯韦妖, 则根据香农的公式 (19), 气体和妖的联合熵满足

$$H(X,Y) = H(X) + H(Y|X),$$

这里 $H(X)$ 是气体的熵, $H(Y|X)$ 是妖 Y 在已知气体 X 速度的条件下的信息量——条件熵. 由此可见, 即使气体熵 $H(X)$ 的值减少, 但麦克斯韦妖在识别气体分子的运动速度的过程中所产生的条件熵 $H(Y|X)$ 增加. 在这个过程中, 由于 (X,Y) 是孤立系统, 因此 $H(X)$ 和 $H(Y|X)$ 的总和, 即气体 X 和麦克斯韦妖 Y 的联合熵 (总熵)$H(X,Y)$ 是增加的,

因此作为 (X,Y) 整个系统而言不违背热力学第二定律.

如果记 $\Delta H(X,Y)$ 为联合熵 $H(X,Y)$ 的变化量, $\Delta H(X)$ 为气体熵 $H(X)$ 的变化量 (实际上是负值), $\Delta H(Y|X)$ 为麦克斯韦妖在获知气体运动速度条件下的条件熵 $H(Y|X)$ 的变化量, 则有

$$\Delta H(X,Y) = \Delta H(X) + \Delta H(Y|X).$$

如前所述, 由于 (X,Y) 是孤立系统, 联合熵 $H(X,Y)$ 是增加的, 即

$$\Delta H(X,Y) \geqslant 0.$$

因此, 麦克斯韦妖在获知气体 X 速度的条件下的条件熵的增量满足

$$\Delta H(Y|X) \geqslant -\Delta H(X).$$

另一方面, 根据热力学熵 S 与玻尔兹曼熵 (即香农熵 H 的负数) 之间的关系式, 我们有

$$S(X) = \kappa H(X),$$
$$S(X,Y) = \kappa H(X,Y).$$

因此, 我们可以定义麦克斯韦妖在获知气体 X 速度的条件下所对应的条件热力学熵为

$$S(Y|X) = \kappa H(Y|X).$$

由定义, 我们有

$$S(Y|X) = S(X,Y) - S(X).$$

进一步, 我们有

$$\Delta S(X) = \kappa \Delta H(X),$$

$$\Delta S(X,Y)=\kappa\Delta H(X,Y),$$
$$\Delta S(Y|X)=\kappa\Delta H(Y|X).$$

从这些公式我们可得到: 麦克斯韦妖在获知气体 X 速度的条件下所对应的条件热力学熵的增量 $\Delta S(Y|X)$ 满足

$$\Delta S(Y|X)\geqslant -\Delta S(X). \tag{21}$$

对于西拉德文章所设计的模型, 我们也有同样的公式. 智能生物或智能设备在测量的过程中产生熵, 以补偿气体分子在等温可逆膨胀过程中的熵减. 根据西拉德文章中的公式 (20), 我们知道: 在等温膨胀可逆过程中, 单个气体熵 $S(X)$ 的熵减为

$$\Delta S(X)=-\kappa\ln 2.$$

因此, 我们可以推出: 西拉德模型中智能生物或智能设备在获知 (测量) 单个气体分子位置条件下的条件热力学熵 $S(Y|X)$ 的增量 $\Delta S(Y|X)$ 满足

$$\Delta S(Y|X)\geqslant \kappa\ln 2. \tag{22}$$

6.6.5 布里渊的负熵原理

在 1962 年出版的《科学与信息论》一书中, 物理学家莱昂 · 布里渊 (Léon Brillouin) 引进了负熵的概念 (negentropy), 描述了信息的负熵原理 (negentropy principle of information), 其要点是获取系统微观状态的信息与熵的降低有关, 提取信息需要做功, 擦除信息将导致热力学熵的增加. 布里渊认为, 麦克斯韦的实验并没有违反热力学第二定律, 因为任何局部系统的热力学熵的减少都会导致其他地方的热力学熵增加. 负熵是一个有争议的概念, 因为它产生的卡诺效率高于 1.

6.6.6 朗道尔原理

1961 年, 美国物理学家罗夫·朗道尔 (R. Landauer) 提出并证明了一个把信息论和热力学联系起来的著名定理——朗道尔原理, 这个原理就是: 擦除 1 个比特的信息将会导致 $\kappa \ln 2$ 的热量的耗散, 从而在热力学熵和信息熵之间建立了直接的联系.

考虑一个系统 (SYS) 在温度 T 时耦合到一个热库 (RES). 根据第二定律, 系统和热库的联合熵的任何变化都必须是正的, 这就是熵增定律:

$$\Delta S_{\mathrm{TOT}} = \Delta S_{\mathrm{SYS}} + \Delta S_{\mathrm{RES}} \geqslant 0.$$

由于热库体积大, 总是处于平衡状态, 我们可以利用克劳修斯等式

$$\Delta S_{\mathrm{RES}} = Q_{\mathrm{RES}}/T.$$

换言之, 流入热库的热流满足

$$Q_{\mathrm{RES}} \geqslant -T\Delta S_{\mathrm{SYS}}.$$

对于存储 1 比特信息的双态系统, 其初始信息熵为 $H_{\mathrm{i}} = \ln 2$. 消除后, 信息熵变为零 $H_{\mathrm{f}} = 0$. 因此

$$\Delta H = -\ln 2.$$

假设热力学熵 S 和信息熵 H 是等价的, 我们就可以得到

$$\Delta S_{\mathrm{SYS}} = \kappa \Delta H = \kappa \ln 2,$$

其中 k_B 是玻尔兹曼常数. 从而有

$$Q_{\mathrm{RES}} \geqslant \kappa T \ln 2.$$

换句话说, 在系统中擦除 1 比特信息时, 散热到热源的热量总是大于 $\kappa T \ln 2$. 这就是朗道尔擦除原理 (Landauer's erasure principle). 参阅 [28].

这个原理也解释了人在学习或从事脑力劳动的时候为什么要消耗能量、电脑或手机在删除储存的文件时为什么要发热和消耗能量.

根据狭义相对论中的质能等价原理, 1 个比特 (bit) 的信息对应的质量为 $m_{\mathrm{bit}} = \dfrac{\kappa T \ln 2}{c^2}$, 其中 c 为光速, T 为信息储存处的温度. 参见 [60].

6.7 熵与生命

6.7.1 生命是什么?

热力学第二定律对生命过程和非生命过程本质上是没有区别的. 生命过程总的来说是在近似恒定温度下发生的自发化学反应. 根据热力学第二定律, 生命过程总是伴随着自由能的降低和熵的增加. 随着生命的演化, 随机性、无序性、混乱性将增加, 生命将朝着死亡的方向进行.

生物的特点是高度进化. 在《生命是什么》(*What is life*) 中, 奥地利物理学家埃尔曼 · 薛定谔 (Erwin Schrödinger) 从一个诚实的物理学家的观点和角度深刻地探讨了 "生命是什么" 这个神奇而朴素的问题: "怎样用物理或化学的方法论来解释有机生命体内空间和时间上的各种现象?"

薛定谔认为[①]: "物理学定律全部基于统计原理, 我们在第一章中已经对此做过说明. 和这些定律密切相关的是事物从有序走向无序的自然倾向."

这就是说: 物理学的定律是建立在分子和原子运动论以及统计物理学的基础上的. 根据热力学第二定律 (即熵增定律), 对于任何一个孤立系统而言, 它总是自发地从有序状态 (即熵较小的状态) 向无序状态 (即熵较大的状态) 进行转化.

"然而, 为了使得遗传物质的持久性和其微小的体积相适应, 我们只能通过一种假象的分子来摆脱无序的自然倾向. 实际上, 这是一种受到量子理论魔法庇护的大分子, 是高度分化的有序性的产物 …… 这样的例子不胜枚举, 其实生命就是其中之一, 而且生动而惊人. 生命不以从有序转向无序的自然倾向为基础, 它更像是物质有秩序和有规律的活动, 并在某种程度上依赖现有秩序的保存. "

薛定谔认为: "**生命以负熵为生**." (The organism feeds on negative

① 本节引号中所引述的文字, 部分取自薛定谔著作的中文译稿 [43].

entropy.)

“正是因为有机生命体能够避免快速衰退为死寂的平衡态, 才显得如此特别. 以至于在人类思想的早期, 有人认为这是因为在生命体内有某种非物质的超自然的力 (活力) 在起作用, 直到现在, 仍有人持这样的主张.

“那么有机生命体是通过何种途径避免衰退至平衡状态的呢? 自然靠的是吃、喝、呼吸还有植物的同化作用, 专业术语叫 ‘新陈代谢’, 这个词源于希腊语, 意为变化或交换.

“那么, 我们的食物中有什么神奇的力量能让我们避开死亡呢? 其实这个问题很容易回答. 每一个过程、事件、突发情况 ——不管你如何称呼它们, 总之, 一切在大自然中进行着的活动都意味着, 有事件在其内活动的那部分世界的熵在增加. 因此, 一个有机生物体要生存下去, 要摆脱死亡, 就必须不断从外界汲取负熵. 后面我们马上会知道对生命来说负熵是非常积极的东西, 它是有机体赖以生存的基础. 或者, 换一个更加清楚的说法: 新陈代谢的实质就是及时消除有机体每时每刻不得不产生的熵.

“如果 D 是无序性的度量, 那么 $1/D$ 就是有序性的直接度量, 而 $1/D$ 的对数又是 D 的对数的负数. 因此, 可以用玻尔兹曼公式这样描述有序性:

$$\text{负熵} = \kappa \log 1/D.$$

“负熵是有序性的度量. 因此, 有机生命体维持自身在一个高度有序状态 (此状态对应着较低的熵) 的方法, 就是不断地从环境中汲取序. 对于植物而言, 太阳光是 ‘负熵’ 的主要来源.”

薛定谔指出: “顺便说一下, 负熵的说法并不是我的首创, 而是玻尔兹曼原始论证的内容[①]. ”

---

① 1866 年, 比克劳修斯说宇宙将发生热的死寂早一年, 玻尔兹曼就注意到生物的生长过程与熵增加相对抗的事实. 他说: “生物为了生存而作的一般斗争, 既不是为了物质, 也不是为了能量, 而是为了熵而斗争.”

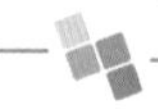

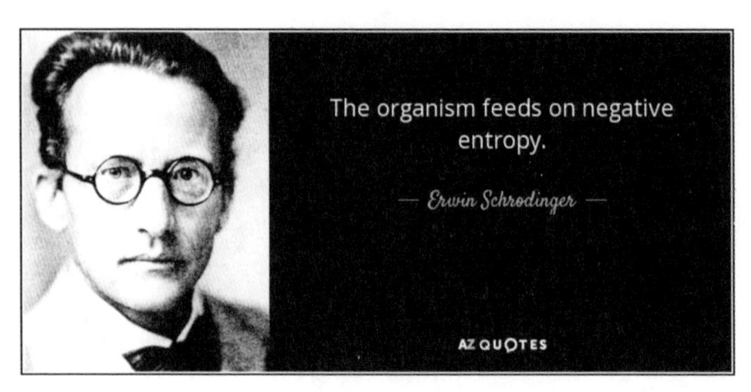

图 11　薛定谔—生命以负熵为生

肖恩·卡罗尔说: "生命就是宇宙咖啡杯里的漩涡, 是低熵前往高熵途中发生的小小意外, 是路边复杂又美丽的花朵."

6.7.2　熵与 DNA

脱氧核糖核酸 (DNA, 全称 Deoxyribo Nucleic Acid) 是绝大多数生命的遗传物质, 是遗传信息的载体. 生命体遗传与代谢所需的信息几乎都蕴含在 DNA 中. 在外界环境适宜的情况下, DNA 中的信息指导 RNA、蛋白质等大分子的合成, 这些大分子又相互协作, 承担不同功能, 共同维持生命体的生存. DNA 的代际传递依赖于 "复制" 的过程, 该过程精确度极高, 但也会出现错误, 即 "突变". 基因突变既可能引发疾病, 也可能让生命体更加 "强壮". DNA 的不变与变维持了生命的稳定与多样.

1953 年, 沃森 (J. D. Watson) 与克里克 (F.H. Crick) 提出了 DNA 分子的双螺旋结构模型. 脱氧核苷酸是组成 DNA 的单体, 脱氧核糖两端连接着磷酸和碱基. 脱氧核糖与磷酸交替连接组成一条有方向的链, 两条这样的核苷酸链反向平行排列, 组成螺旋的骨架. 核糖上连接的碱基排布在螺旋内, 碱基有四种: 腺嘌呤 (A, Adenine)、鸟嘌呤 (G, Guanine)、胸腺嘧啶 (T, Thymine) 和胞嘧啶 (C, Cytosine), 其中 A 与 T, C 与 G 相互配对. 配对碱基间存在氢键, 即一方碱基的质子 (氢原子的原子核, 带正电荷) 与另一方带负电荷的氧原子、氮原子间的相互吸

引, 氢键维持着双螺旋结构的稳定.

基因组 (genome) 是生物体所有遗传物质的总和. 某种意义上讲核基因组可以看作是由 A, C, G, T 四个字母编码的信号序列, 基因组文本十分庞大, 一个细菌基因组就可能包含 500 万对碱基, 人类的基因组包含的碱基对数目更是高达 31.6 亿. 同一物种的基因组 DNA 含量总是恒定的, 不同物种间基因组大小和复杂程度则差异极大, 一般讲, 进化程度越高的生物体其基因组构成越大、越复杂.

DNA 研究的主要方向之一是探索提取基因组文本中的鲁棒结构特性的方法. 随着测序技术的发展, 我们已经可以获得生命体的大部分基因组文本. 在这过程中人们发现, 尽管 DNA 复制的精度很高, 但就整个庞大的基因组而言, 突变的存在不可避免. 比如人类细胞 DNA 复制错误率仅有 10^{-9}, 单次复制平均产生 6 个错误, 由几十万亿个细胞构成的人体积累了巨量的突变. 神奇的是, 同一物种的表现型 (外观、身体结构等) 几乎一样, 这体现了基因组文本的鲁棒性.

基因组文本中碱基对的分布也不是等概率的, 不同位点碱基对的概率分布也不同, DNA 中碱基对是如何分布的? 这个问题是 DNA 研究中一个重要的问题. 随着 DNA 碱基对字母序列长度 n 的指数增长, 人们无法完全依靠实验中测试 DNA 的碱基对, 我们需要从有限样本的 DNA 信息中提取出整个种群的碱基分布情况, “熵” 提供了一种度量基因组多样性的方法.

生物体碱基序列的熵可以被认为是基因多样性的度量. 熵的值越高, 核酸编码的信息含量变化的可能性就越大[19]. 近年来, 借助于统计物理学中的极大熵原理, 人们通过香农信息熵或瑞利 (Rényi) 熵来研究 DNA 中 AT、TA 与 CG、GC 四对字母配对的概率分布问题. 在此工作中, 人们还利用 1-步马尔可夫链或多步马尔可夫链来模拟计算 DNA 的序列熵. 参见 [41, 25, 44, 33, 51].

下面我们介绍 [44, 33] 中关于熵在基因组信息研究中的应用. 考虑大肠杆菌中长度为 $2n$ 的 DNA 碱基序列, 记为 $X=(X_L)$, $L=$

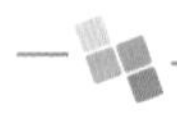

$-n, \cdots, -1, 0, 1, \cdots, n$. 记位置 L 处碱基 $X_L = B$ 的概率为 $f(L, B)$, 其中 B 取自字母集 $\mathcal{A} = \{\mathrm{A}, \mathrm{C}, \mathrm{G}, \mathrm{T}\}$. 它对应的不确定性可以用香农熵来刻画

$$H_S(L) = -\sum_{B=A}^{T} f(L, B) \log_2 f(L, B).$$

由熵的性质, 我们知道: $H_S(L) \leqslant 2$, 并且当且仅当 $f(L, B)$ 是等概率分布, 即 B 以 $1/4$ 的概率分别取 A, C, G, T 时, $H_S(L)$ 达到最大值 $H_S(L)_{\max} = 2$ 比特. 在位置 L 处所包含的信息可以定义为

$$R(L) = 2 - H_S(L).$$

当 $R(L) = 0$ 时, 碱基完全随机的, 且 $R(L)$ 越大 L 位置越保守.

整条 DNA 序列包含的信息量定义为

$$R_{\text{sequence}} = \sum_{L=-n}^{n} [2 - H_S(L)]$$

如果我们考虑氨基酸序列, 则字母表 $\mathcal{A}$ 有 20 个元素, 对应的 $H_S(L) \leqslant \log_2 20$. 相应地, 在氨基酸序列中, 位置 L 处所包含的信息定为 $R_S(L) = \log_2 20 - H_S(L)$, 整条氨基酸序列包含的信息量定义为

$$R_{\text{sequence}} = \sum_{L=-n}^{n} [\log_2 20 - H_S(L)].$$

香农熵是对概率分布定义的, 而我们的数据实际上是频率. 在真实的概率与频率之间有一定的误差, 因此在上面的公式中需要加上一个误差项

$$H_S(L) = -\sum_{B=A}^{T} f(L, B) \log_2 f(L, B) + e(n(L)),$$

其中 $e(n(L))$ 为当 n 较小时在位置 L 处的误差.

考虑长度为 N 的基因组, 若每个位点被检测到的概率相等, 则选择一个位点需要 $\log_2 N$ 比特的信息. 如果要选择两个位点, 识别器定位到哪一个位点无关紧要, 因为一旦定位了一个位点, 它就可以在那里开始工作. 在这种情况下, 识别器不需要知道它位于哪个位点, 因此在定位后还剩余 1 个比特的不确定性. 一般来说, 如果有 γ 个位点, 则位点定位后剩余的不确定性为 $\log_2 \gamma$ 比特 (如果不同位点的识别概率不同, 则可使用熵 H 的完整公式进行计算). 因此, 在长度为 N 的基因组中找到 γ 个位点所需的最小信息是:

$$R_{\text{frequence}} = \log_2 N - \log_2 \gamma = -\log_2 \frac{\gamma}{N} = -\log_2 f,$$

其中 $f = \dfrac{\gamma}{N}$ 是这 γ 个基因位点出现在长度为 N 的基因组中的频率.

使用独立的方法估计 R_{sequence} 和 $R_{\text{frequence}}$ 的比值, 就可以考量 R_{sequence} 和 $R_{\text{frequence}}$ 之间是否有关联. 在大肠杆菌中的研究发现, 它们之间的比值 $R_{\text{sequence}}/R_{\text{frequence}}$ 接近于 1, 这个结果说明识别位点序列几乎包含了蛋白等识别器识别序列所需的全部信息. 虽然未经实验验证, 若有两个或多个不同识别器, 它们可以定位到同一位点, 但不共享信息, 可能造成 $R_{\text{sequence}}/R_{\text{frequence}}$ 的值的变动.

上述结论给了我们一些启发: 蛋白结合位点一般是由极端保守的部分和 "自由" 部分组成的序列, $R_{\text{sequence}}/R_{\text{frequence}}$ 体现了蛋白定位到对应序列所需的信息与序列总信息的比值, 大肠杆菌中比值接近 1, 说明至少在简单生物中, 蛋白几乎不需要额外信息就可以定位到目标位点, 精确启动转录、翻译等生物过程.

6.7.3 突变对熵的影响

"突变" 指序列位点在 DNA 的四个碱基的可能状态中发生的改变. 发生在生殖细胞内的突变可能遗传给后代, 从而改变物种 DNA 的碱基频率分布. 总的来说, 突变倾向于使不确定度 $H_S(L)$ 增加. 如果不确定性的增量很大, 那么 R_{sequence} 将比 $R_{\text{frequence}}$ 小. 这时候序列无法给蛋白等识别器提供足够的定位信息, 生命系统的出错率会提高, 宏观表现就是生存竞争力下降. 进化过程中, 自然选择消除了大部分有极端影响的突变/突变组合, 维持序列能提供的信息量, 保障生命体的正常功能. 上述分析还说明了, 突变是没有明显的方向性的, 毕竟强烈的突变倾向会对 $H_S(L)$ 产生极大影响, 不利于生命体生存. 由于生命体 DNA 中的碱基不是均匀分布的, 我们可能认为, 突变使得碱基的分布越来越平均, 但生命通过汲取外界的熵成功地维持了自身的低熵状态.

热孤立的量子系统的类似情况直接导出热力学第二定律. 在进化过程中, 正如热运动破坏无生命系统的模式一样, 突变会破坏基因模式. 更准确地说, 它们都使得孤立系统中的熵增加. 虽然突变的积累需要数百万年, 这个速度相对于无生命材料中的进化是缓慢的, 例如液体混合, 应用热力学第二定律仅与时间方向相关, 而与时间总量无关.

6.7.4 基因突变与量子隧道效应

DNA 的遗传稳定性是分子生物学中最重要的课题之一. 质子沿着氢键的转移威胁着 DNA 的稳定性, 它可能使碱基变成互变异构体 (tautomerisation), 从而造成点突变 (point mutations).

在 2022 年 5 月, 英国萨里大学的物理学家与化学家 L. Slocombe、M. Sacchi 和 J. Al-Khalili 三人合作, 在发表于《自然》杂志旗下期刊《通讯–物理》的论文 [45] 中, 借助复杂的计算建模, 指出了基因突变 (即 DNA 复制错误) 可能是由于量子隧道效应导致的.

量子隧道效应是由微观粒子的波动性所确定的一种穿越势垒阻碍的现象. 当粒子运动遇到一个高于粒子本身所具有的能量的势垒时, 按照经典力学的理论, 粒子是不可能跨越过势垒的, 但按照量子力学的理论, 微观粒子能够以一定的概率穿透势垒到达势垒的另一边.

三位作者对鸟嘌呤胞嘧啶 (G-C) 核苷酸之间的氢键进行了理论分析工作, 包括构建碱基对的精确结构模型、氢键质子的量子动力学以及

退相干和耗散细胞环境对量子活动的影响. 他们发现量子隧道效应对质子转移速率的贡献比经典的能量越障跳跃要大几个数量级.

他们发现, 由于量子隧道效应在生物温度下依然产生重要作用, G-C 的规范和互变异构形式间的转换的时间尺度远远短于生物转换, 从而能够快速到达热力学平衡. 此外, 他们发现互变异构发生的概率高达 1.73×10^{-4}, 这表明质子转移在 DNA 突变中起到了超乎寻常的重要作用. 这一研究结果可能会对于目前的基因突变模型的研究产生深远的影响.

在 Nanowerk 的报道 [35] 中, 该文作者之一的 Louie Slocombe 博士说: "DNA 中的质子可以沿着 DNA 中的氢键进行隧道穿越, 并修改编码遗传信息的碱基. 这些被修改的碱基被称为 "互变异构体", 可以在 DNA 切割和复制过程中存活下来, 从而导致 "转录错误"(transcription errors) 或突变 (mutations)."

Slocombe 博士的导师 Al-Khalili 教授评论道: "沃森和克里克早在 50 多年前就推测了 DNA 中量子力学效应的存在和重要性, 然而, 这种机制在很大程度上被忽视了."

另一位作者 Sacchi 博士说道: "生物学家通常认为隧道挖掘只在低温和相对简单的系统中发挥重要作用. 因此, 他们倾向于忽略 DNA 中的量子效应. 通过我们的研究, 我们相信我们已经证明这些假设不成立."

感兴趣的读者可参阅 [45, 48], 也可以参阅 Nanowerk 的报道 [35].

6.8 熵与几何

1904 年, 法国伟大的数学家庞加莱 (Henri Poincaré) 提出了一个著名的猜想: 三维单连通闭流形一定拓扑同胚于三维球面. 历经近 100 年, 这个伟大的猜想吸引了无数数学家, 但直到 2003 年才被俄罗斯数学家佩雷尔曼 (G. Perelman) 最终解决.

在庞加莱猜想的研究中, 美国数学家哈密顿 (R. Hamilton) 在 1982 年的论文 [20] 中提出了利用里奇 (Ricci) 曲率流来演化黎曼流形上的黎曼度量的思想来证明庞加莱猜想. 里奇曲率流是一个定义在流形上的一族依时间演化的黎曼度量, 满足下面的偏微分方程组

$$\partial_t g = -2Ric,$$

这里 Ric 表示度量 g 对应的里奇曲率. 这是一个非线性发展方程组. 哈密顿[20] 证明了里奇曲率流的许多基础性结果, 并给出了解决庞加莱猜想和瑟斯顿 (Thurston) 三维流形几何化猜想的纲领. 哈密顿[20] 证明: 如果一个三维紧致黎曼流形上存在一个具有正的里奇曲率的初始度量, 那么庞加莱猜想成立. 但是并不是所有的三维紧致黎曼流形都满足哈密顿的这个假设.

图 12　庞加莱

在负里奇曲率的情形, 随着时间的演化, 里奇流方程的解有可能发生爆炸, 即产生所谓的奇点. 因此, 需要在爆炸发生后, 在奇点附近对流形作拓扑手术. 然后再对手术后的黎曼流形上的黎曼度量按照新的里奇流进行演化. 由于在每一次手术过程中对流形的拓扑结构的变化是可以

有清晰的了解的, 因此, 如果只需要进行有限多次手术, 那就能够获得原来流形的拓扑结构, 这样也就能够证明庞加莱猜想和瑟斯顿三维流形几何化猜想.

在哈密顿的研究计划中如何掌握和了解奇点的结构, 是证明三维庞加莱猜想的关键. 受丘成桐 (S.-T. Yau) 和李伟光 (P. Li)1986 年关于黎曼流形上的热方程的哈纳克 (Harnack) 不等式的工作启发, 哈密顿在 1995 年发表了一篇关于奇点分类的重要论文 [21], 在这篇文章中他指出了用里奇流证明庞加莱猜想中的一些难以克服的技术障碍.

为了完成哈密顿证明庞加莱猜想的纲领, 佩雷尔曼[37] 于 2002 年引入了里奇流的梯度流结构. 正如他所指出的, 里奇流的梯度流结构的想法来源于量子场论, 与非线性几何 σ-模型相关. 同时他引进了一个被称为倒向热方程的方程, 使得在度量 g 按照里奇曲率流、位势函数 f 按照倒向热方程进行演化的过程中, 如下定义的加权测度

$$m = e^{-f} dv$$

不随时间变化. 这样, 佩雷尔曼就从统计力学或概率论的角度引进一个被称为 W-熵的数学量. 这个重要而又神秘的 W-熵具有极其复杂的表达式, 其定义为

$$W(g, f, \tau) = \int_M \left[\tau(R + |\nabla f|^2) + f - n\right] \frac{e^{-f}}{(4\pi\tau)^{n/2}} dv,$$

其中 n 为流形 M 的维数, g 为 M 上的黎曼度量, R 为 g 对应的标量曲率, f 为流形 M 上的光滑函数, $|\nabla f|^2$ 为 f 关于黎曼度量 g 的梯度 ∇f 的模长的平方, $\tau = T - t$ 为倒向时间, $T > 0$ 为常数, v 为 (M, g) 上的体积元测度.

如同玻尔兹曼在 1872 年对理想气体的动理学方程所证明的 H-定理一样, 佩雷尔曼对里奇曲率流和倒向热方程证明了 W-熵关于时间 t 是单调递增的, 用数学公式表示就是

$$\frac{dW}{dt} \geqslant 0,$$

其平衡态对应于 $\dfrac{dW}{dt}=0$. 如同玻尔兹曼在证明了 H-定理后能够证明 H-熵的平衡态就是局部麦克斯韦分布一样, 佩雷尔曼证明了 W-熵的平衡态就是所谓的收缩里奇孤立子, 满足

$$Ric+\nabla^2 f=\frac{g}{2\tau}.$$

图 13　佩雷尔曼在讲解他的研究成果

利用这一结果和概率学家格罗斯 (L. Gross) 等人关于对数索伯列夫 (logarithmic Sobolev) 不等式的研究结果, 佩雷尔曼[37] 证明了关于里奇流的非局部坍塌定理 (non local collapsing theorem), 为庞加莱猜想和瑟斯顿几何化猜想的最终解决扫除了障碍.

2002—2003 年, 佩雷尔曼在数学预印本网站 arxiv 上公布了自己的三篇系列论文. 在这三篇论文中, 他概述了庞加莱猜想和瑟斯顿几何化猜想的证明, 从而实现了哈密顿提出的纲领. 经过几组数学家的大约两年多时间的努力, 终于补齐了佩雷尔曼的一些证明细节[9, 26, 32]. 关于这方面深入的内容, 请读者阅读有关专家的论文和田刚院士关于庞加莱猜想及佩雷尔曼工作的介绍性报告 [47].

2006 年, 由于 "**对几何学的贡献以及对里奇流的分析和几何结构的革命性洞见**①", 佩雷尔曼被国际数学联盟授予菲尔兹奖. 令人惊讶的是,

① 译自国际数学联盟授予佩雷尔曼菲尔兹奖的获奖词: for his contributions to

佩雷尔曼本人拒绝了这个崇高的荣誉，成为历史上唯一拒绝接受菲尔兹奖的数学家. 2010 年 6 月，他也拒绝了克雷 (Clay) 研究所因其解决了此前公布的七个一百万美元的数学问题中的庞加莱猜想而授予他的首个千禧奖 (Millennium Prize).

另一个熵在偏微分方程与微分几何的研究中有重要应用的研究方向是关于最优传输问题的研究.

1781 年，法国数学家蒙日 (G. Monge) 从军事工程中提出最优传输映射问题. 20 世纪 40 年代，苏联数学家康托洛维奇 (L. Kantorovich) 在国民资源最佳分配的研究中提出了最优传输计划问题，在费用函数满足很一般的条件下证明了最优传输计划的存在性，发现并证明了线性规划中的对偶化原理. 1975 年，康托洛维奇与美国经济家科普曼 (T. Koopmans) 共同获得诺贝尔经济学奖.

1991 年，法国数学家布热涅 (Y. Brenier) 对平方费用函数下的最优传输映射问题给出了完整的答案. 此后，最优传输问题的研究受到了国际上不同领域的许多数学家的共同关注，取得了一系列深刻结果. 特别地，法国数学家维拉尼 (C. Villani) 和意大利数学家费加利 (A. Figalli) 分获 2010 年和 2018 年菲尔兹奖，他们的工作与最优传输理论有着深刻的联系.

2001 年，德国数学家奥托 (F. Otto) 引进了欧氏空间上的概率测度全体所构成的瓦萨斯坦 (Wasserstein) 空间上的无穷维黎曼度量. 这一极具启发性的工作为最优传输问题、无穷维瓦萨斯坦空间的几何、偏微分方程、概率论、流体力学等不同领域之间建立了桥梁. 特别地，1998 年，约当等人 (Jordan, Klinderlehrer, Otto) 利用玻尔兹曼–香农熵给出了关于非平衡态统计力学中重要的福克–普朗克 (Fokker-Planck) 方程新的变分刻画原理. 在此工作基础上，奥托证明了福克–普朗克方程可以看成是玻尔兹曼–香农熵泛函在瓦萨斯坦空间上的梯度流，而更一般的

geometry and his revolutionary insights into the analytical and geometric structure of the Ricci flow.

非线性多孔介质方程可以看成是瑞利 (Rényi) 熵泛函在瓦萨斯坦空间上的梯度流. 这一发现为偏微分方程和非平衡态统计力学的研究带来了新的观点和思想. 这是熵在统计物理和偏微分方程理论中的又一个精彩的应用.

在布热涅和奥托等人工作的基础上, 洛特 (J. Lott)、维拉尼及斯图姆 (K.T. Sturm) 等人利用玻尔兹曼–香农熵的测地 K-凸性给出了非光滑的度量测度空间上里奇曲率以 K 为下界的合理定义. 这一定义为人们在非光滑空间上发展几何分析研究奠定了重要的基石. 详见有关文献和维拉尼的著作 [50].

6.9 后记

2021 年 11 月某个周三下午, 我从玉泉路回到中关村的办公室, 我的同事董昭跟我说我所在工作单位中科院数学与系统科学研究院的院领导给我安排了一个任务, 要我写一篇关于熵的文章, 要求文章通俗易懂. 当天上午, 我刚在玉泉路给中国科学院大学的本科生讲授《微分几何》课程.

我当时想, 写一篇关于熵的学术论文可能并不难, 但是要求文章通俗易懂就不是很容易做到的. 作为一名科研工作者, 我们在科研工作中最注重研究工作的原创性与研究结果的深刻性, 而要写一篇面向一般的读者的科普性文章, 就要用另一个标准来衡量了.

为了准备写这篇文章, 我从 2022 年 1 月起搜集和阅读了大量的资料. 2022 年 3 月至 4 月, 我除了在国科大雁栖湖校区和中关村校区给研究生和本科生授课, 还通过网络形式作了《熵与几何》的系列讲座, 每次关注一个主题, 前后共计划八次, 实际讲了六次, 后两次因为要完成这篇文章的写作决定推后再讲. 令我没有想到的是, 这个系列报告受到了很多同行和研究生的高度关注和好评, 甚至一些非数学界的朋友和研究生, 也在线听了这一系列报告.

从 2002 年 3 月我在英国牛津大学数学研究所做博士后时获知俄罗斯数学家佩雷尔曼关于庞加莱猜想的研究工作起, 到 2003 年 9 月我到法国图卢兹大学工作后开始念他的文章, 到 2006 年我在巴黎第十一大学访问期间做出自己关于 W-熵的第一篇论文, 到 2010 年我到中科院工作后开始研究最优传输问题与随机矩阵, 到 2018 年开始研究后香农时代信息论中的香农极限问题, 最后到完成《熵与几何》的初稿, 已经是整整二十年. 这二十年, 对我而言, 就是对熵与几何的人生探索.

正是在这样的背景下, 我从 2022 年 2 月开始了《熵与几何》和这篇文章的写作. 2022 年 5 月 28 日, 我完成了《熵与几何》的初稿. 在此基础上, 于今日完成了这篇科普性质的文章的初稿.

我谨向我的导师马志明院士对我多年来的培养和鼓励致以衷心的感谢, 同时感谢《熵与几何》系列报告的组织者对我的支持和帮助!

在文章的修改过程中, 席南华院士给予了很大的帮助. 为了使这篇文章能够尽可能地被更多的读者所接受, 他对原稿提出了很多中肯的修改意见. 文中很多地方, 包括文章题目最后的确定, 以及文中很多文字的修改和润色, 都凝聚了他对熵这个主题的思考.

董昭研究员到现场听了我关于《熵与几何》的数次报告, 给予我很大的支持和鼓励. 他仔细阅读了这篇文章的原稿和修改版, 提出了有益的建议.

在本文的修改过程中, 王宇钊副教授给予了很多技术上的帮助, 指出了一些打印错误. 刘党政副教授认真阅读了本文中熵与随机矩阵的内容, 提出了有益的修改意见. 我的学生雷容与肖淼琳对本文的完成亦有所帮助.

在此, 我谨向每一位对本文的完成给予过指导和帮助的领导及同行, 还有海内外许多对本文的完成给予过鼓励和关注的朋友, 道一声真诚的感谢!

在此特别说明, 因本人对作图技术不了解, 文中所有的插图均取自网络. 在此向网上提供了这些插图却不具其名的朋友, 道一声感谢!

基于上面提到的八次系列报告, 我还将整理一本《熵与几何》的学术性著作, 以总结我二十年来学习和研究熵与几何的点滴收获, 并回报数十年来给我巨大支持和鼓励的家人和师友.

什么是熵? 熵是什么? 每一个人都会有自己的理解. 这篇文章所提供的, 是笔者二十年来学习熵、研究熵的一些个人心得和体会. 因本人学识有限, 文中定有疏漏之处, 敬请读者和同行批评指正!

最后, 请允许我借用苏轼的诗《题西林壁》, 作为本文的结束:

横看成岭侧成峰, 远近高低各不同.

不识庐山真面目, 只缘身在此山中.

李向东

2022 年 6 月 11 日初稿、7 月 17 日定稿于风雅园

后记: 谨以此文献给我的父母, 感谢他们对我选择和从事数学研究工作的理解、支持和鼓励! 感谢他们为我付出的一切!

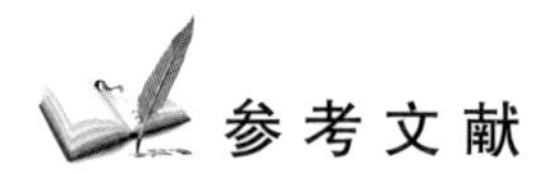

参考文献

[1] Anderson P W. Absence of Diffusion in Certain Random Lattices. Physical Review, 1958, 19(5): 1492-1505.

[2] Arjovsky M, Chintala S, Bottou L. Wasserstein GAN, arXiv1701.07875v3, 2017.

[3] Anderson G W, Guionnet A, Zeitouni O. An Introduction to Random Matrices. Cambridge Studies in Advanced Mathematics 118. Cambridge: Cambridge University Press, 2010.

[4] Arous G B, Guionnet A. Large deviations for Wigner's law and Voiculescu's non-commutative entropy. Probab. Theory Related Fields, 1997, 108, 4: 517-542.

[5] Boltzmann L. Weitere Studien über das Wärmegleichgewicht unter Gasmolekülen. Wiener Berichte, 1872, 66: 275-370.

[6] Boltzmann L. Über die beziehung dem zweiten Haubtsatze der mechanischen Wärmetheorie und der Wahrscheinlichkeitsrechnung respektive den Sätzen über das Wärmegleichgewicht. Wiener Berichte, 1877, 76: 373-435.

[7] Brillouin L. Sience and Information Theory. New York: Academic Press, 1960.

[8] Carnot S. Réflexion sur la puissance du feu et sur les marchines propres à développer cette puissance. Paris: Bachlier, 1824.

[9] Cao H D, Zhu X P. A complete proof of the Poincaré and geometrization conjectures: application of the Hamilton-Perelman theory of the Ricci flow, Asian J. Math. 2006, 10(2): 165-492, and Asian J. Math., 2006, 10(4): 663.

[10] Cercignani C, Illner R, Pulvirenti M. The Mathematical Theory of Dilute Gases, New York: Springer, 1994.

[11] Clausius R. Über die Wärmeleitung gasförmiger Körper, Annalen der Physik, 1865, 125: 353-400.

[12] Clausius R. The Mechanical Theory of Heat-with its Applications to the Steam Engine and to Physical Properties of Bodies, 1865. London: John van Voorst, 1 Paternoster Row. MDCCCLXVII.

[13] Dyson F J. A Brownian-motion model for the eigenvalues of a random matrix. J. Math. Phys., 1962, 3: 1191-1198.

[14] Weinan E. A Mathematical Perspective of Machine Learning, ICM 2022 Plenary Talk. 机器学习的数学理论, 2022 年国际数学家大会一小时报告.

[15] 冯端, 冯少彤. 熵的世界. 北京: 科学出版社, 2016.

[16] Gibbs J W. Elementary Principles in Statistical Mechanics, New York: Charles Scribner's Sons, 1902.

[17] Guionnet A. Large Random Matrices: Lectures on Macroscopic Asymptotics, École d'Été de Probabilités de Saint-Flour XXXVI-2006, Lecture Notes in Mathematics 1957, New York: Springer, 2009.

[18] Guionnet A. Random Matrices, Free Probability and the Enumeration of Maps, ICM2022 Plenary Talk.

[19] Hasegawa M, Yano T-A. Origins of Life and Evolution of Biospheres, 1975, 6(1): 219-227.

[20] Hamilton R S. Three manifolds with positive Ricci curvature. Jour. Diff. Geom., 1982, 17: 255-306.

[21] Hamilton R S. The Formation of Singularities in the Ricci Flow. Surveys in Differential Geometry, 2. 7-136. Boston: International Press, 1995.

[22] Hartley R V L. Transmission of Information, Bell System Technical Journal, July 1928, p. 535.

[23] 华罗庚. 多复变数函数论中的典型域的调和分析. 北京: 科学出版社, 1958.

[24] Jaynes E T. Theory of Probability. Cambridge: Cambridge University Press, 1960.

[25] Kirillova O V. Entropy concepts and DNA investigations. Physics Letters A., 2000, 274: 247-253.

[26] Kleiner B, Lott J. Notes on Perelman's papers, Geom. Topol., 2008, 12(5): 2587-2855.

[27] Kontsevich M. Intersection theory on the moduli space of curves and the matrix Airy function. Comm. Math. Phys., 1992, 147(1): 1-23.

[28] Lutz E, Ciliberto S. Information: From Maxwell's demon to Landauer's eraser, Physics Today, 68, 9, 30 (2015); doi: 10.1063/PT.3.2912.

[29] Li P, Yau S-T. On the parabolic kernel of the Schrödinger operator, Acta. Math., 1986, 156: 153-201.

[30] 卢昌海. Riemann 猜想漫谈. 北京: 清华大学出版社, 2012.

[31] Mehta M L. Random Matrices. 3rd ed. Pure and Applied Mathematics 142, Amsterdam: Elsevier, 2004.

[32] Morgan J W, Tian G. Ricci flow and the Poincaré conjecture, Clay Mathematics Monographs, 3. American Mathematical Society, Providence, RI; Clay Mathematics Institute, Cambridge, MA, 2007.

[33] Mutihac R, Cicuttin A, Mutihac R C. Entropic approach to information coding in DNA molecules, Materials Science and Engineering C, 2001, 18: 51-60.

[34] Otto F. The geometry of dissipative evolution equations: the porous medium equation, Commun. Partial Differential Equations, 2001, 26(1-2): 101-174.

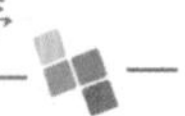

[35] Quantum mechanics could explain why DNA can spontaneously mutate, Nanowerk News, May 05, 2022. University of Surrey, Science Daily.

[36] Nyquist H. Certain Factors Affecting Telegraph Speed, Bell System Technical Journal, April 1924, 324-344 ; Certain Topics in Telegraph Transmission Theory, A.I.E.E. Trans., v. 47, April 1928, p. 617.

[37] Perelman G. The entropy formula for the Ricci flow and its geometric applications, http://arXiv.org/abs/maths0211159.

[38] Planck M. Treatise on Thermodynamics, English Version Translated from German Version. London, New York and Bombay: O. Alexander Longmans, Green and Co. 1905.

[39] Peyré G, Cuturi M. Computational Optimal Transport, arXiv:1803.00567, 2018.

[40] Shannon C. A Mathematical Theory of Communication, Bell System Technical Journal, 1948, 27: 379-423, 623-656.

[41] Schmitt A O, Herzel H. Estimating the entropy of DNA sequences. J. Theor. Biol., 1997, 1888: 258-266.

[42] Schoen R, Yau S-T. Lectures on Differential Geometry. International Press, 1994.

[43] Schrödinger E. What is Life, Cambridge: Cambridge University Press. First Published, 1944. 中译本: 薛定谔生命物理学讲义, 赖海强译, 北京联合出版公司, 2017 年 4 月; 生命是什么, 肖梦译, 天津人民出版社, 2020 年 4 月.

[44] Schneider T D. Information and entropy of patterns in genetic switches, in: G.J. Erickson, C.R. Smith Eds., Maximum Entropy and Bayesian Methods in Science and Engineering, Applications, vol. 2, Dordrecht: Kluwer Academic Publishers, 1988: 147-154.

[45] Slocombe L, Sacchi M, Al-Khalili J. An open quantum systems approach to proton tunnelling in DNA. Commu. Physics, Nature, https://doi.org/10.1038/s42005-022-00881-8, May 5, 2022.

[46] Szilard L. Uber die Enfropieuerminderung in einem thermodynamischen System bei Eingrifen intelligenter Wesen, Zeitschrift fur Physik,

1929,53,840-856. English translation: On the decrease of entropy in a thermodynamic system by the intervention of intelligent beings. Behav Sci. 1964, Oct. 9(4) 301-10. doi: 10.1002/bs.3830090402.

[47] 田刚. 庞加莱猜想与几何化. 求是西湖大讲堂, 2021 年 5 月 21 日. https://live.bilibili.com/21628893.

[48] Urdaneta D I. More evidence of quantum behavior at biological scale: Proton Tunneling in DNA, Proton Tunneling Quantum Biology, May 09, 2022.

[49] Varadhan S R S. Large deviations. Annals of Probability, 2008, 36(2): 397-419.

[50] Villani C. Optimal Transport, Old and New. New York: Springer, 2009.

[51] Vinga S, Almeida J S. Rényi continuous entropy of DNA sequences, J. Theort. Biology, 2004, 231: 377-388.

[52] 王竹溪. 统计物理学导论. 2 版. 北京: 人民教育出版社, 1965.

[53] Weyl H. The Classical Groups: Their Invariants and Representations 2nd Revised Edition, Princeton: Princeton University Press, 1953.

[54] Wiener N. Cybernetics of Control and Communications of Animal and the Machine. Cambridge: MIT Press, 1948.

[55] Wigner E P. Characteristic Vectors of Bordered Matrices with Infinite Dimensions, Ann. of Math., 1955, 62: 548-564.

[56] Wigner E P. On the Distribution of the Roots of Certain Symmetric Matrices, Ann. of Math., 1958, 67: 325-328.

[57] Witten E. Two-dimensional gravity and intersection theory on moduli space. In Surveys in differential geometry (Cambridge, MA, 1990). Lehigh Univ., Bethlehem, PA, 1991: 243-310.

[58] 吴大猷. 热力学、气体运动论及统计力学. 北京: 科学出版社, 1983.

[59] 席南华. 认识数学 1. 北京: 科学出版社, 2022.

[60] Vopson M M. The mass-energy-information equivalence principle. AIP Advances 9, 095206(2019); https://dod.org/10.1063/1.5123794.

7 密码与数学

冯秀涛, 徐圣源

密码的历史源远流长. 西方文字中密码一词源于希腊语 kryptós "隐藏的" 和 gráphein"书写" 二词, 最早可追溯到四千年前古埃及尼罗河畔墓碑上的奇怪密文符号.

20 世纪 50 年代以前使用的密码属于古典密码, 其特点是以手工或机械操作完成加密和解密. 20 世纪 50 年代起发展的密码是现代密码, 其理论基础是数学, 通过电子信息技术实现具体的应用.

本文先回顾从古代到第二次世界大战期间一些经典的密码事例, 它们都蕴含着智慧, 展现了密码学的基本思想, 富有启示. 然后我们介绍现代的密码.

7.1 古典密码的一些经典事例

1. **天书密码** 公元前 5 世纪斯巴达国家设计了 "天书" 密码. 发送方首先将羊皮纸条无重叠、无缝隙地缠绕在木棒上 (又称斯巴达木棒, Scytale), 然后书写上需要传递的消息. 随后取下羊皮纸条, 这样原始消息就在纸条上被打乱成了 "天书", 也就是加密后的密文.

解密方只需将该纸条缠绕在相同的木棒上即可正常阅读, 而窃密者因为没有木棒, 无法正常阅读.

天书密码实际上是一种“横写竖读”的简单加密方式, 我们可以把羊皮纸在斯巴达木棒上的缠绕方式看成是一个由若干行若干列组成的表格, 其中行数为斯巴达木棒 (多面体) 面的个数, 列数为每个面可以写的字符个数.

图 1

例如, 考虑一根 4 个面的斯巴达木棒, 每个面可以写 6 个字符. 假定发送者要发送一句话

“我爱北京的春天”

首先发送者写出它们对应的汉语拼音

“wo ai bei jing de chun tian”

然后准备一张 4×6 的表格, 将上面的字符依次写到表 1 中.

表 1 4×6 斯巴达木棒书写表

w	o	a	i	b	e
i	j	i	n	g	d
e	c	h	u	n	t
i	a	n			

最后竖着读出的字符即为“我爱北京的春天”的密文

“wieiojcaaihninubgnedt”

天书密码构思巧妙且操作容易. 为了增加破译难度, 可以采用不规则表格和高维体.

2. **移位密码** 另外一个经典的古典密码体制例子就是凯撒密码 (Caesar cipher). 这是古罗马帝国时期 (公元前 70 年左右) 凯撒大帝和他的将军们之间通信时采用的密码. 凯撒密码是一种简单的移位密码, 它将明文字符按照字母表中的顺序向后偏移 3 位后得到的字符作为对应的密文, 如表 2 所示.

表 2 凯撒密码字符对应关系

a	b	c	d	e	f	g	h	i	j	k	l	m	n	o	p	q	r	s	t	u	v	w	x	y	z
d	e	f	g	h	i	j	k	l	m	n	o	p	q	r	s	t	u	v	w	x	y	z	a	b	c

假定发送者利用凯撒密码同样加密 “我爱北京的春天”, 则其对应的密文为

“zrdlehlmlqjghfkxqwldq”

凯撒密码存在许多变体, 常见的移位参数有 3,11,17 等. 此外, 凯撒密码经常作为一个子步骤用在其他密码体制中, 其中一个著名的例子就是维吉利亚密码 (Vigenère cipher).

3. **我国古代的一些密码** 在我国历史上其实也不乏古典密码的身影: 早在先秦时期的兵书《六韬》中就记载了军队保密通信所使用的阴符和阴书, 其中阴符按照不同的长度来传递 “大获全胜”、“敌军投降” 和 “请求粮草” 等军事信息; 阴书则是将机密书信拆分成三份, 兵分三路发出, 只有三部分合体才能读懂书信内容.

又如, 在宋朝时期通过字验来传递重要的军事情报. 字验中约定 40 条军中重要事情, 如 “请弓”、“请箭”、“请粮料”、“请添兵”、“请移营”、“被贼围”、“战不胜” 和 “将士叛” 之类, 然后以一字为暗号, 选古诗 40 字 (字不得重复), 依次配一条. 例如:

白日依山尽

在“白”字上作上标记, 就可以表示“请添兵”的意思.

字验往往在战前临时编排, 只有主将知道其具体含义. 因此, 即使传信牌中纸条落入敌人手中, 或递送传信牌的军士被俘和叛降, 都不至于泄露军情.

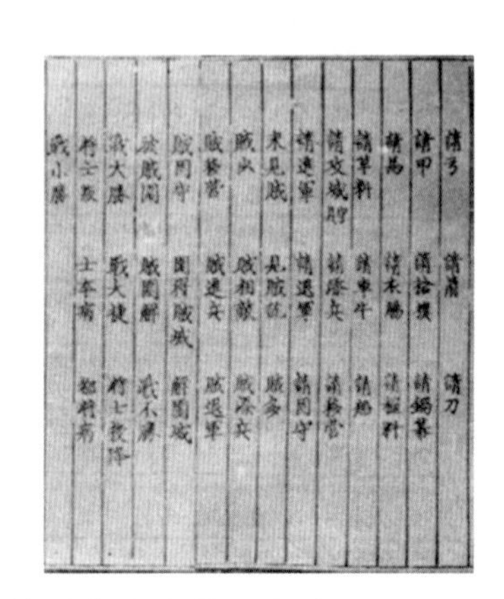

图 2　我国古代兵书《六韬》中的阴书和宋代“字验”

上面提到的事例中的密码都属于文字替换性的手工密码, 其要点是通信双方采用事先约定的符号、数字等打乱原始消息, 并通过手工操作实现加密和解密 [2].

文字替换密码思想清晰, 实现简单, 在古代战争中发挥着举足轻重的作用.

无论是天书密码, 还是移位密码, 还是我国古代的阴符、阴书、字验等, 我们都很容易感受到其中的智慧和密码思想. 当然, 这些密码, 在今天都已经是非常不安全了, 利用密码学理论和计算机等手段, 很容易破解, 因而不能在实际商业和工作中使用. 不过在私人通信中使用还是有趣的, 也有一定的安全性.

4. **机械密码**　机械密码是指通过机械操作来完成加密解密的密码体制. 这种密码体制通常比手工操作的密码体制更加准确和高效. 其中,

恩尼格玛密码机 (Enigma, 又称 “隐密”) 是机械密码中的典型代表, 由德国电气工程师亚瑟 • 谢尔比乌斯 (Arthur Scherbius) 于 1918 年设计, 后供德国纳粹使用, 成为第二次世界大战 (以下简称二战) 时德国最重要的秘密通信工具.

恩尼格玛密码机是一个划时代的密码体制, 它是第一台电器机械装置密码机, 是密码从手工密码时代进入机器时代的标志. 恩尼格玛密码机内部结构如图 3 所示, 它的键盘由 26 个字母组成, 显示器上同样有 26 个字母, 每个字母上有一个小灯泡.

图 3 恩尼格玛密码机内部结构示意图

当按下某个字母时, 其对应的密文字母上的小灯泡就会点亮. 恩尼格玛密码机内部有 3 个转子, 它们是恩尼格玛密码机最核心最关键的部件. 每个转子的周期为 26. 当按下一个字母的时候, 第一圈的转子会转动一格, 当连续按下 26 个字母时第一个转子回到原来位置, 同时会带动第二个转子转动一格, 依次类推. 因此, 恩尼格玛密码机只有在按下 $26 \times 26 \times 26 = 17576$ 个字母时才会重复.

除了 3 个转子的可能起始位置外, 恩尼格玛密码机还可以选择 3 个转子的相对顺序 (共 6 种可能), 以及 6 根字母对互换连接线 (共

$15\times\begin{pmatrix}26\\6\end{pmatrix}$ 种可能), 其总可能性更是达到了 10^{16} 种. 如此庞大的可能情况, 给恩尼格玛密码机的破译带来极大困扰.

图 4　马里安 • 雷耶夫斯基 (Marian Rejewski)

图 5　艾伦 • 图灵 (Alan Turing)

围绕恩尼格玛密码机的破译工作在二战时期发生了许许多多惊心动魄的传奇故事: 首先, 由法国间谍人员发动特工策反德国谍报工作人员从而获取到恩尼格玛密码机的内部资料和转子线路图, 随后英法两国投入精英数学家全力破解恩尼格玛密码机, 然而却无功而返; 其次, 波兰“三杰”之一的马里安 • 雷耶夫斯基 (Marian Rejewski) 通过考虑转子位置和它们的初始方向, 发现字母循环的圈长和圈的个数与字母对连线是独立的, 这使得破解工作得到大大简化, 从而研制了 “炸弹机”[4]; 在二战波兰被占领之前, 马里安 • 雷耶夫斯基将他们的工作共享给英法两国, 最后由英国著名的数学家、密码学家艾伦 • 图灵 (Alan Turing) 改进了 “炸弹机”, 发明了一种可以找到密码机设置的机电机器, 从而彻底破解恩尼格玛密码机. 在电影《模仿游戏》(The Imitation Game) 中详细介绍了这段传奇故事, 有兴趣的读者可以参考.

密码破译是一个没有硝烟的战场, 它是设计者和破译者之间的智力较量. 恩尼格玛密码机的成功破译扭转了二战欧洲战场的局势, 挽救了几十万甚至上百万鲜活的生命. 有评价认为 “恩尼格玛密码机的破译让欧洲战场提前了 2 年结束”.

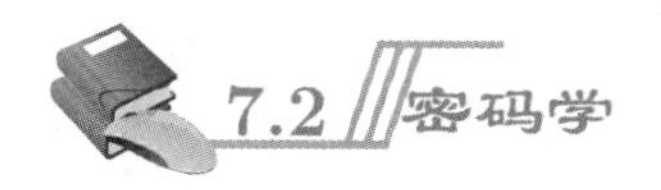

7.2 密码学

第二次世界大战结束后, 有两件事促成了现代密码学的大发展.

一是电子信息技术的迅速发展为密码学提供了全新的技术基础, 它给密码体制带来了巨大的变化 [5], 现代密码体制主要使用电子设备实现.

二是 1949 年克劳德 • 艾尔伍德 • 香农 (C.E. Shannon) 发表《保密系统的通信理论》将密码学从一门实验科学转变成一门基于坚实数学基础的理论学科 [2]. 香农的保密通信理论标志着现代密码学的真正开始, 其又被称为密码学理论的 “第一次质的飞跃”.

密码学 (Cryptology) 是一门技术科学, 研究密码变化的客观规律, 可分为密码编码学 (Cryptography) 和密码分析学 (Cryptanalysis) 两部分.

其中, 密码编码学研究密码变化的客观规律的导向是将之应用于编制密码以保护通信秘密; 密码分析学研究密码变化的客观规律的导向是将之应用于破译密码以获取通信情报.

密码编码学和密码分析学是盾与矛的关系, 两者相互作用, 相互促进, 共同推动着密码理论的发展.

图 6　克劳德·艾尔伍德·香农 (C.E. Shannon)

我们常说的密码主要指的是密码算法, 它由明文空间、密文空间、密钥空间以及加密算法和解密算法组成, 是实现保密通信的核心组件. 香农在《保密系统的通信理论》一文中通过双方通信模型建立了现代保密通信的基础理论 [3]. 这里, 保密通信指发送方 A (Alice, 爱丽丝) 和接收方 B (Bob, 鲍勃) 在进行通信时, 借助密码算法将通信内容隐蔽起来, 使得第三方窃听者 E(Eve, 伊芙) 即使截获消息也无法获得原始信息, 如图 7 所示.

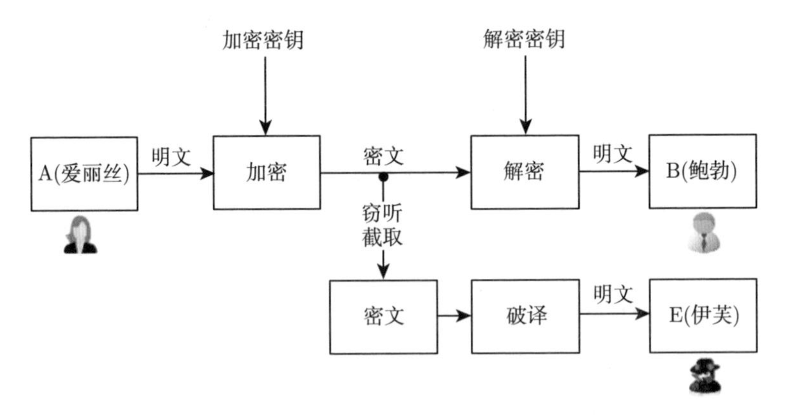

图 7　双方保密通信模型

在密码学中, 发送方 A 发送的原始消息被称为**明文** (plaintext), 而隐密明文的变换方法则称作加密算法, 利用加密算法隐藏明文的过程称作**加密** (encryption); 将明文通过加密变换后得到的消息称为**密文** (ciphertext); 接收方 B 通过密文恢复出明文的方法则称作解密算法, 利用解密算法恢复明文的过程称作**解密** (decryption); **密钥** (key) 则是在加密或者解密过程中引入的控制参数. 如果是加密过程, 则称之为加密密钥, 如果是解密过程, 则称之为解密密钥. 需要注意的是, 同种算法采用不同的密钥, 其加密效果往往不同.

在 7.1 节中介绍的天书密码、位移密码、字验中都体现了上面的模型和其中的过程.

我们以天书密码为例解释明文、密文、加密、解密、加密密钥、解密密钥等概念. 在天书密码中, 需要加密的原始消息“我爱北京的春天”即为明文, 加密密钥实际上是一张 4×6 的表格, “横写竖读”的结果“wieiojcaaihninubgnedt”即为密文, 从明文得到密文的过程 (即准备好表格并将对应字母写到表格中然后竖着读取来) 即为加密; 其逆过程, 即将密文竖着填入表格然后横着读出来, 称之为解密. 在天书密码中, 解密密钥和加密密钥是相同的. 对于同一个明文消息, 如果选择不同的表格, 即不同的加密密钥, 其得到的密文也是不同的.

在凯撒密码中, 加密密钥为移位的大小 3, 对应的解密密钥为 -3.

在现代密码学中, 要求**密码算法是公开的**, 即克尔霍夫 (Kerckhoff) 假设, 因此密钥是密码体制保密性的核心. 窃听者可以从通信信道中获取密文, 通过历史经验和知识, 在不知道密钥的情况下尝试恢复明文或者密钥, 这一过程称作破译. 通常情况下想要完全破译一个设计精良的密码是困难的.

密码体制是指密码算法以及其中涉及的明文、密文、密钥和实现密码算法的装置等一整套系统, 有时我们把它简称为密码.

根据发展历史和算法的实现方式, 可以将密码分为古典密码和现代密码 [4,5].

其中, 古典密码又可以分为文字替换等手工密码和机械密码, 前者基于手工操作实现, 历史悠久, 在古代军事中发挥着重要作用; 后者则基于机械操作, 常见于第二次世界大战前后.

现代密码体制可以分为两大类: 对称密码和公钥密码, 其涉及多门数学基础学科, 主要包括: 信息论、概率论、数论、计算复杂性理论、近世代数、有限域、离散数学、代数几何学和数字逻辑等.

基于加密方式, 对称密码又进一步可以分为流密码 (stream cipher, 也称为序列密码) 和分组密码 (block cipher). 随着量子技术的兴起和量子信息理论的发展, 量子密码体制正成为密码学的热门研究课题, 是不可忽略的密码学新方向.

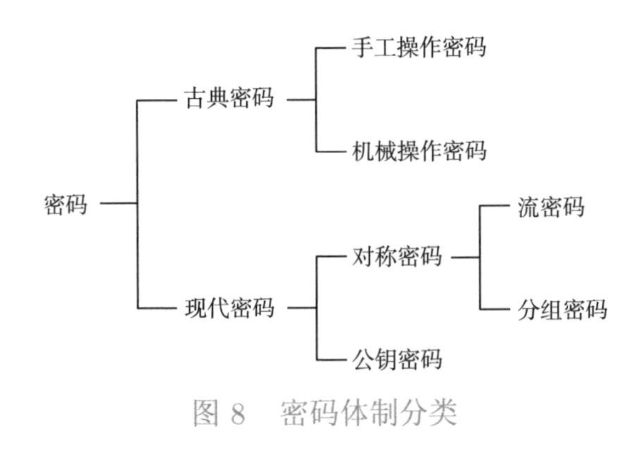

图 8　密码体制分类

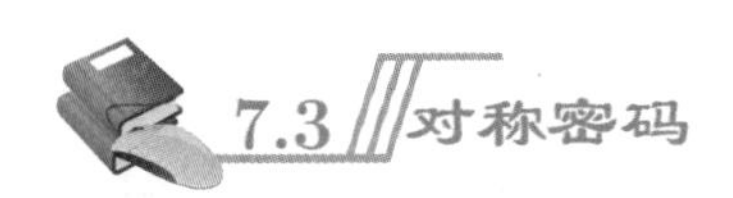

7.3 对称密码

顾名思义, 对称密码的加密密钥和解密密钥是相同的, 或者可以由一个非常容易地推出另外一个. 对称密码根据明文消息加密方式的不同可以分为两大类: 流密码和分组密码.

在进一步介绍前, 我们先说一下计算机科学中的一个概念 “位”. 大家经常在很多场合看到这个概念, 譬如我们现在个人用的计算机的操作系统很多是 64 位的, 更早一些时候很多是 32 位的, 它们表示计算机的中心处理单元 CPU 并行处理二进制数据的基本长度, 也是访问内存地

址的长度. 虽然 64 只是 32 的两倍, 但 64 位的操作系统可以支持 2^{24} T 的内存, 而 32 位的仅支持 4G 的内存, 两者的数据处理能力也有很明显的差别.

在计算机中, **位**是一个基本单位, 也称比特. 一个位只能表示两个数: 0 或者 1. 若干个位组合在一起, 就可以表示更大范围的数. 例如, 8 个位 $b_0b_1\cdots b_7$ 组合在一起被称为字节, 可以表示基于二进制表示法的 0 到 255 之间的任意整数 $b_0+b_12+b_22^2+\cdots+b_72^7$. 实际上, 所有整数、浮点数在计算机中均采用二进制的位来表示.

此外, 我们自然语言中的字母也可以采用一个 8 位的二进制整数表示, 这种方法被称为 ASCII 编码, 汉字则可以采用 16 位的二进制整数表示, 被称为 Unicode 编码. 得益于位和编码表示, 计算机可以存储、处理各种信息.

流密码是将明文按单个位逐位加密, 典型代表有 A5/1、SNOW 3G、ZUC、Grain 和 Trivium 等.

分组密码则是将明文等长分组, 并逐组加密, 典型代表有 DES、AES 和 SM4 等.

对称密码因设计简洁、便于软硬件实现且效率高等特点, 被广泛用在网络通信和数据存储加密中.

这里以密钥长度为 128 位的 AES[6] 为例简单介绍分组密码的加密流程. AES 是一种典型的代换-置换网络迭代型分组密码, 其明文分组长度为 128 位.

对给定的原始消息, 譬如 "我爱北京的春天", 在使用 AES 加密之前, 我们首先需要对其进行编码. 例如可以用拼音表示, 然后采用 ASCII 编码, 或者每个拼音字母 (共 26 个字母) 用 0 到 25 之间的一个 5 位长的二进制整数紧凑编码, 另外一个好的办法是直接采用 Unicode 编码, 用一个 16 位二进制整数表示. 随后对编码后的数据按照 128 位进行分组, 也就是依次每 128 位分成一组, 当最后剩下的位数不足 128 时, 还需要进行一些特殊的处理, 成为一组. 最后逐组加密, 直到所有分组处理完毕.

下面考虑单个分组的加密. 记单个分组的 128 位明文数据为 m, 128 位加密密钥为 k, 加密后得到的 128 位密文为 c. AES 加密流程如图 9 所示, 具体过程如下:

(1) 首先, 根据密钥编排算法, 由 k 生成 11 个 128 位的子密钥 k_0, $k_1, \cdots, k_{10}$;

(2) 其次, 计算中间状态变量 $t_1 = f(m \oplus k_0)$, $t_{i+1} = f(t_i \oplus k_i)$, $i = 1, 2, \cdots, 8$, 这里 f 称为轮函数, 它是由非线性 S 盒、行移位 R 和列混合 M 等三个函数复合而成, 即 $f(x) = M(R(S(x)))$, $\oplus$ 为按位异或运算;

(3) 最后计算密文 $c = g(t_9 \oplus k_9) \oplus k_{10}$, 这里 g 称为半轮函数, 它是由非线性 S 盒函数和列混合函数 M 复合而成, 即 $g(x) = M(S(x))$.

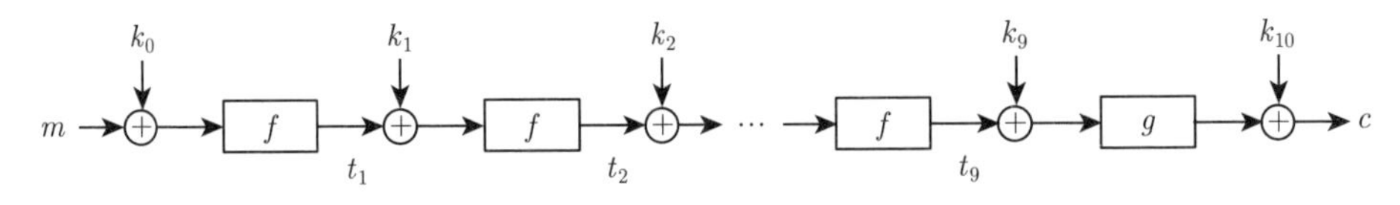

图 9 AES 加密流程示意图

通过上面 AES 示例, 我们可以看出: 与古典密码相比, 现代对称密码设计要复杂得多, 它们通常都是通过一些简单函数层层复合, 最后得到一个非常复杂的密码函数. 为了保证对称密码体制能够更好地抵抗统计类分析和代数类分析, 扩散 (diffusion) 和混淆 (confusion) 是两种设计时常遵循的基本准则 [2]. 其中, 扩散准则要求输入的每一位影响尽可能多的输出位, 通常采用线性函数实现, 如 AES 算法中的行移位函数 R 和列混合函数 M; 混淆准则则要求输出的每一位与尽可能多的输入位相关, 且它们之间的依赖关系尽可能复杂, 通常采用非线性函数设计, 如 AES 算法中的 S 盒函数.

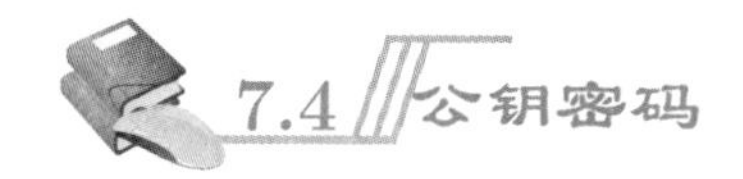

7.4 公钥密码

在对称密码中, 由于加密密钥和解密密钥相同, 因此在双方通信时需要通过安全信道预先共享同一个密钥, 这给密钥的安全管理和传输带来困扰. 针对这一难题, 公钥密码体制应运而生.

在公钥密码体制中, 解密密钥和加密密钥不同, 加密密钥公开, 解密密钥保密且难以从加密密钥中推出. 如此一来, 通信双方无需交换密钥即可完成保密通信.

公钥密码体制的概念由迪菲 (Whitfield Diffie) 和赫尔曼 (Martin E. Hellman) 于 1976 年首先提出, 他们随后发表的论文《密码学的新方向》[7] 引领了密码学的一场革命.

事实上, 迪菲和赫尔曼的思想并不复杂: 对于需要保密通信的用户, 每人分配一对密钥: 加密密钥 e 和解密密钥 d, 前者公开而后者保密. 若用户 A 想将消息 m 发送给用户 B, 他首先使用 B 公开的加密密钥 e 将其加密得到密文 c, 再通过公开信道 (不安全信道) 将密文 c 发送给 B. B 接收到密文 c 后使用自己的解密密钥 d 即可获得明文 m. 此时第三方即使得到密文 c, 也因为不知道 B 的解密密钥 d 而无法恢复明文 m.

图 10

因此公钥密码体制为对称密码中密钥传输问题提供了解决方案, 被

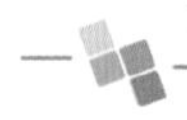

施奈尔形象地比喻为“开了窗口的密码保险柜做的信箱”: 把邮件从窗口投入信箱相当于用公开密钥加密, 任何用户都可以完成; 而取出邮件则相当于用解密密钥解密, 只有拥有解密密钥的用户可以完成.

著名的 RSA 公钥密码算法就是在上述思想的基础上设计出来的, 该算法由罗纳德•李维斯特 (Ronald Rivest)、阿迪•萨莫尔 (Adi Shamir) 和伦纳德 • 阿德曼 (Leonard Adleman) 三人于 1977 年提出, 并以他们三人名字的首字母命名 [8].

RSA 密码体制的安全性依赖于数论中的大整数分解困难问题, 即给定两个大素数 p 和 q, 计算它们的乘积 $n=pq$ 非常简单, 而给定它们的乘积 n, 将其进行因子分解得到 p 和 q 却极其困难.

例如: 对给定的两个素数 $p=171047$ 和 $q=532823$, 计算它们的乘积 $pq=91137775681$ 很简单. 但是如果只是给了整数 $n=91137775681$, 我们手工分解它却很困难. 当然, 如果利用计算机, 我们还是可以很容易分解它. 当前, 借助超级计算机, 用最快的因子分解算法数域筛法可以分解二进制长度 700 多位的大整数.

虽然大整数因子分解很困难, 但是判定一个整数是否是素数相对容易得多, 它存在多项式时间的算法. 我们可以轻松地产生一个几百位、上千位的大素数. 因此, 构造一个具体的 RSA 体制还是比较容易. 目前已发现的最大素数属于梅森素数①, 其十进制长度多达 2486 多万位.

前面在介绍位的概念时我们已经知道任何的信息, 从字母和汉字, 以及由它们组成的信息等, 都是可以数字化. 因此, 如果能对数字有效加密, 就能对任何信息有效加密.

现在我们看 RSA 密码体制是怎样对数字加密的, 从中可以体会 RSA 密码体制的思想和方法.

假设张三要对方通过 RSA 密码体制传递一个数 m 给自己, 他首先

① 梅森素数是指形如 2^p-1 的素数, 这里 p 也是素数. 例如: $p=2,3,5,7,13,17,19,31$ 等对应的数均为梅森素数. 目前人们共发现了 51 个梅森素数, 其中最大的梅森素数的 $p=82589933$. 是否存在无穷多个梅森素数是未解决的著名数论难题之一.

会选择两个大的素数 p 和 q (它们的乘积 n 会比 m 大很多) 相乘, 得到乘积 $n = pq$, 以小素数为例, 譬如 13 和 19, 相乘得 247.

这时候加密公钥和解密秘钥都是数, 它们都是作为指数出现, 因此分别也称为加密指数和解密指数. 用 e 记加密指数, d 记解密指数. 它们之间是如下关系: ed=1 mod $(p-1)(q-1)$. 于是知道 e, p 和 q 就很容易求出 d, 这里 mod 表示整数做除法取余运算, $a = r \bmod b$ 的含义是 b 除 a(或说 a 除以 b) 的余数为 r. 有时候 $a = r \bmod b$ 也写作 $a \bmod b = r$. 例如 $7 \div 3 = 2 \cdots\cdots 1$, 则我们这里记为 7=1 mod 3 或 7 mod 3=1.

随后张三把乘积 n=pq 和加密指数 e 作为公钥告诉对方. 对方知道张三在用 RSA 密码体制, 于是发给他 $m^e \bmod n = c$. 知道这个数后, 张三计算 $c^d \bmod n$, 它就是 m. 解释这件事情需要用到一点简单的数论知识.

首先, 注意到如果正整数 w 除整数 u 和 v 的余数是一样的, 即 $u \bmod w = v \bmod w$, 那么对任意的正整数 e, 就会有

$$u^e \bmod w = v^e \bmod w, \tag{1}$$

注意这里需要用到 $(x+y)^e$ 的展开公式.

对方发给张三的数是 $m^e \bmod n = c$. 根据刚才的公式, 可以得到

$$c^d \bmod n = (m^e)^d \bmod n = m^{ed} \bmod n. \tag{2}$$

由于 ed=1 mod $(p-1)(q-1)$, 所以 $(p-1)(q-1)$ 除 ed 的余数是 1, 也就是说, ed 是 $(p-1)(q-1)$ 的倍数加 1, 即 ed=$k(p-1)(q-1)$+1.

如果 m 是 p 的倍数, p 除 m 和 p 除 m^{ed} 的余数都是 0. 于是这时候我们有等式:

$$m^{ed} \bmod p = 0 = m \bmod p. \tag{3}$$

如果 m 不是 p 的倍数, 因为 p 是素数, p 和 m 的最大公因子是 1. 可以证明, 这时候有

$$m^{p-1} \bmod p = 1. \tag{4}$$

(这个结论称为费马小定理.) 利用等式 (1), 从等式 (4) 得到

$$m^{k(p-1)(q-1)}\text{mod } p = (m^{p-1})^{k(q-1)}\text{mod } p = 1^{k(q-1)} = 1 = 1\text{mod } p. \quad (5)$$

对上式两边同乘以 m 得

$$m \times m^{k(p-1)(q-1)} \text{ mod } p = m \times 1 \text{ mod } p = m \quad \text{mod } p. \quad (6)$$

注意 $ed=k(p-1)(q-1)+1$, 所以 $m\times m^{k(p-1)(q-1)} = m^{k(p-1)(q-1)+1} = m^{ed}$. 所以, 等式 (6) 的另一个写法是

$$m^{ed}\text{mod } p = m \text{ mod } p. \quad (7)$$

由等式 (3) 和等式 (7) 知道, 不管 p 是否整除 m, 我们都有 m^{ed} mod $p = m$ mod p. 由于 q 也是素数, 对 q, 类似的等式成立, 也就是说, 我们有 m^{ed} mod $q = m$ mod q.

由于 m 比 pq 要小, 中国剩余定理①告诉我们下面的等式成立:

$$m^{ed}\text{mod } pq = m \text{ mod } pq = m. \quad (8)$$

注意 $n = pq$, 根据等式 (8) 和等式 (2), 我们计算 c^dmod n 就能得到 m. 这正是我们想要的解密结果.

① 中国剩余定理出自《孙子算经》, 也被称作孙子定理. 在《孙子算经》卷下 26 题: “今有物不知其数, 三三数之剩二, 五五数之剩三, 七七数之剩二, 问物几何? 答曰: 二十三. ” 孙子定理是求解一次同余方程组

$$\begin{cases} x = a_1 \text{ mod } m_1, \\ x = a_2 \text{ mod } m_2, \\ \quad \cdots\cdots \\ x = a_n \text{ mod } m_n \end{cases}$$

的重要定理, 这里 $m_1, m_2, \cdots, m_n$ 互素. 记 $M = m_1m_2\cdots m_n$, $M_i = M/m_i$ 和 M_iN_i=1mod m_i, 则有 $x = a_1M_1N_1 + a_2M_2N_2 + \cdots + a_nM_nN_n$ mod M. 它在数论、密码学中有许多重要的应用.

这里的一个要点是: 在已知两个大素数 p 和 q 的情况下可以很容易从作为公钥的加密指数 e 计算出作为解密密钥的解密指数 d. 而在只知道 p 和 q 的乘积 n 的情况下则很难从加密指数 e 求出解密密钥 d(这是由于模数 $(p-1)(q-1)$ 不知道).

下面是 RSA 算法原理的一个简单演示示例. 张三想从一些供应商中购买一批货物, 于是他建立了一个微信群, 把所有供应商都拉到微信群中, 并要求每个供应商给他报价, 他希望从报价最低的那个供应商手中购买货物, 但是这些供应商不希望其他供应商知道自己的报价. 该如何办呢？这个时候张三可以选择 RSA 算法解决这个问题.

首先, 他选择两个素数 p 和 q, 例如 $p=5$ 和 $q=11$, 则 $n=pq=55$. 其次, 他选择一个加密指数 e=3. 于是张三根据 p 和 q 可以计算出解密指数 d. 注意到 40 除 $3\times 27=81$ 的余数是 1, 即 3×27 mod 40=81 mod 40=1, 于是, 在这里用 40 除取余数的运算中, 3 的倒数 3^{-1} =1/3 是 27, 即

$$d=e^{-1}\text{mod}(5-1)(11-1)=3^{-1}\text{mod } 40=27.$$

在微信群中买家张三公布他的公钥 $(n,e)=(55,3)$, 要求每个供应商把他们的报价加密发给他. 假设供应商 A 的报价是 6, 即明文 $m=6$, 则他可以利用张三的公钥 (n,e) 计算密文

$$c=m^e \bmod n=6^3 \bmod 55=51,$$

并在微信群中发送消息 51. 张三收到消息 51 后, 由私钥 d 解密可得

$$m=c^d \bmod n=51^{27} \bmod 55=6.$$

于是张三得到了供应商 A 的报价.

在上述示例中, 大家都知道是在用 RSA 密码体制, 知道两个素数的乘积. 由于私钥 d 从未泄漏, 只有张三自己知道, 其他人不知道乘积的素因子因而无法从加密指数 (即公钥)3 求出解密指数 (即私钥)27, 从而其他供应商无法从密文消息 51 中恢复出原始明文 6, 也就无法知道供

应商 A 的报价, 这样保证了供应商之间除了自己的报价外无法知道其他人的报价.

在现实世界中为了保证足够的安全强度, RSA 算法中两个素数的乘积 n 的二进制长度一般取 1024 位或者 2048 位 (十进制表示相当于 300 多位到 600 多位的大整数), 此时 p 和 q 一般取二进制长度为 512 位或者 1024 位的强素数.

例如: 512 位二进制长度的强素数

p =11335444621255288630551882999649066313770512213268581283005005892253400239387520375393107284215143043647042583328702383502275900570014112235756837928274519

和

q =11367825140773812896053149221481259321852612638153125341545541961042362919516833990906020633072274320582651476402198083791667140937531570450633835203695383,

则它们的乘积

n=pq=128859352347355161682767515745036140905586323015306461171813829393346752876164104773049755914293451377425397638395352752373010710843431053003066405089558018075568538010713986057552442535862349260981228013822569977588286095741075930035154144095161226230797005044361426666125331934888099424106826419169676845777

是一个 1024 位的大整数. 显然这是一个让人望而生畏的大整数. 计算机虽然计算能力很强, 但也是有限度的, 对于巨大的数, 它们同样恐惧.

此外, 还有其他一些典型的公钥密码体制, 例如椭圆曲线密码 ECC, 基于格的密码 NTRU 等, 它们分别基于椭圆曲线上的离散对数困难问题和格上的最短向量困难问题.

公钥密码不仅可以用来加密消息, 还可以用于数字签名. 相对于对称密码来说, 其优点是不需要预先共享同一个密钥, 其缺点是效率有些

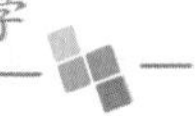

低下. 因此在现实世界中, 常常是将二者有机结合起来, 共同组成一个完整的密码系统.

7.5 Hash 算法

Hash 算法是一类不带密钥的密码算法, 其主要目的是给消息带上“指纹”, 防止消息被篡改或者伪造.

对给定的消息, 一个好的 Hash 算法要求能够容易计算出其对应的摘要 (digest); 并且对于给定的摘要, 要求找到一个消息使得其摘要恰好等于给定的摘要, 或者寻找两个消息使得它们的摘要相等是极其困难的.

上述思想其实早就深入到我们的学习生活: 经验丰富的老师可以通过学生作业的笔迹来确认作业是不是本人完成; 同样计算机也可以通过“笔迹” 来确认信息是否由特定用户发出和中途是否被篡改.

随着计算机通信的飞速发展, 传统手写签名正在被更迅速、更经济、更安全的计算机的 “笔迹”——数字签名 (digital signature) 所取代.

MD5(Message-Digest Algorithm 5, 简称 MD5)[9] 由美国密码学家罗纳德·李维斯特 (Ronald Linn Rivest) 设计, 于 1992 年公开, 是一种被工业界广泛使用的 Hash 算法.

20 世纪 90 年代欧美等国家普遍使用 MD5, 几乎所有与使用者的账号密码、邮件和签名信息等都要采用 MD5 进行加密. 在当时, MD5 被认为是世界上最安全的密码系统, 一度被称为 “白宫密码”, 是众多密码研究者的破译目标.

2004 年召开的美国国际密码学大会上, 我国密码学家王小云宣布破译 “白宫密码” MD5[10], 该成果受到了许多著名密码学家的高度评价, 被 MD5 的破译网站誉为 “近年来密码学领域最具实质性的研究进展”. MD5 的破译工作是中国首次在该领域获得显著的荣誉, 自此中国密码学界开始引起国际学术专家们的广泛关注.

下面我们以 MD5 为例说明 Hash 算法工作流程和基本思想, 如图 11

所示. MD5 算法可以对一个任意长度的文本信息进行操作, 最终输出一个固定长度为 128 位的摘要信息.

在预处理阶段, 对于给定长度为 L 的信息, 首先使用固定的填充规则并附加上数据长度的信息, 将其填充为长度为 512 的倍数, 随后将其划分成 N 个块, 每个块的长度为 512 位.

当完成数据的预处理后, 以每个 512 位的分块为单位进行块压缩处理: 首先初始化一个 128 位的初值, 将第一个分块与该初值作为输入来进行压缩函数 f 处理, 得到 128 位的结果值, 并将这个结果值与第二个分块一起作为输入, 继续应用压缩函数 f 得到第二个块相应的 128 位结果值, 依次类推, 直到所有的消息分块处理完毕, 最终得到的一个 128 位结果值就是给定信息对应的 Hash 摘要.

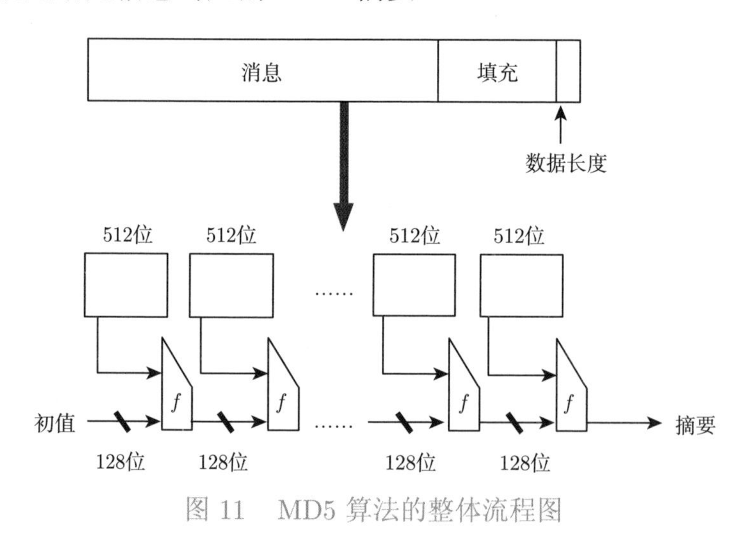

图 11 MD5 算法的整体流程图

MD5 的压缩函数 f 与现代对称密码的设计类似, 均是采用一些简单函数进行层层迭代, 最后复合成一个非常复杂的函数. 这种设计方式一方面可以简化设计, 另一方面, 由于最终得到的函数都是异常复杂, 从而增加了破译的难度.

在早期的一些 BBS 和邮件网站均是采用 MD5 作为用户密码认证的手段. 一个简单的认证方式就是 “标识符” + “用户名” + “密码” 作为

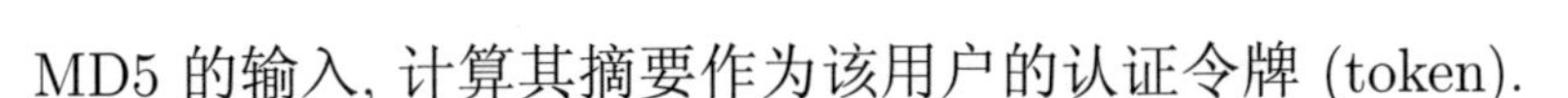

MD5 的输入, 计算其摘要作为该用户的认证令牌 (token).

例如: 张三在网站 xxx.com 上注册了账户, 其用户名为 zhangsan, 并设定了密码 123456, 于是该网站计算其 MD5 的摘要:

MD5('xxx.com@zhangsan:123456')=0xd09deec5c928851a108564d07b409eb5

作为该用户的认证令牌, 并在用户数据库中记录用户名和令牌.

当张三登录该网站的时候, 要求输入用户名和密码, 于是网站利用 MD5 计算其相应的摘要信息并与数据库中该用户名下的认证令牌进行对比, 如果相等, 则表明用户输入的用户名和密码是正确的, 允许登录, 否则就不允许登录.

上述用户密码登录方式一方面可以很好地对合法用户进行认证, 错误的用户名和密码将很难通过认证 (这是因为对一个好的 Hash 算法而言, 找到两个消息使得它们的摘要完全一样是非常困难的). 另外一方面, 由于网站不需要记录用户的实际登录密码, 也就是说, 网站的管理者也不知道用户的密码, 这是因为对一个好的 Hash 算法而言, 从摘要得到原始消息也是非常困难的, 例如在上面的方框中等式右边是摘要, 要从这个摘要得到左边的用户名和密码是很困难的, 因此可以很好地保护用户的隐私.

从这个例子可以看出, 我们平时使用用户名 + 密码的方式登录网站时, 网站系统里面已经有一整套复杂的密码系统在起支撑作用. 这个例子也告诉我们, 对一个设计良好的安全系统, 当我们在计算机或取款机上输入密码时不用担心我们的密码被数据库的管理员知道, 他们能看到的只是一个复杂无序的摘要.

7.6 零知识证明

在现实世界中, 现代密码算法经常与各种协议结合在一起完成一些复杂的密码功能, 例如身份认证、密钥交换、零知识证明等. 由于篇幅原因, 这里简单介绍零知识证明 (zero knowledge proof).

零知识证明是指证明者能够在不向验证者提供任何有用信息的情况下使验证者相信某个论断是正确的. 零知识证明由 S. Goldwasser、S. Micali 及 C. Rackoff 在 20 世纪 80 年代初提出 [11], 实质上是一种涉及两方或更多方的协议: 证明者向验证者证明并使其相信自己知道或拥有某一消息, 但证明过程不能向验证者泄漏任何关于被证明消息的信息.

图 12 中给出的洞穴例子可以很生动地解释零知识证明的基本思想: B 希望向 A 证明他知道洞穴中暗门 CD 的密钥, 但又不想将密钥告诉 A. 于是他选择一条路线走进洞穴内的 C 处或者 D 处, 然后让 A 走到洞穴入口随意指定一条路线, 他将按照 A 指定的路线回到洞穴入口. 如果 A 指定的路线与 B 最初选择的路线不同, 那么 B 按指定路线回到门口的唯一方法就是使用密钥穿过那扇门. 重复这个过程多次, 如果 B 每次都能完成 A 的要求, 那么就可以证明他确实知道门的密码而非运气所致.

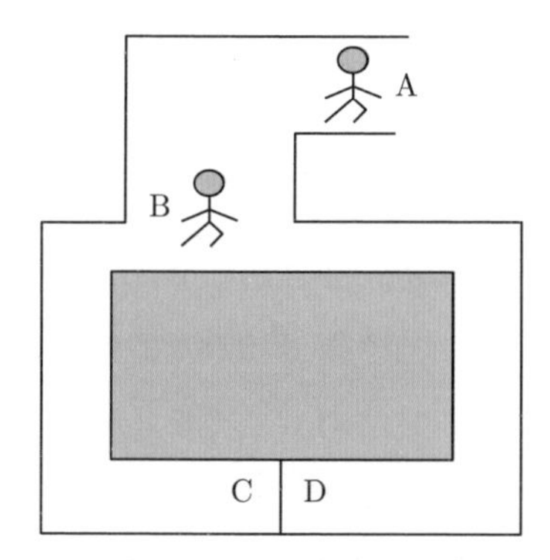

图 12　零知识证明中的“洞穴问题”

零知识证明在保护用户隐私数据方面发挥着重要作用, 最初经常被应用于身份验证、数字签名、认证协议等. 如今, 区块链等基于分布式可信系统技术的高速发展为零知识证明的应用提供了新方向.

7.7 结束语

密码学现在已经成为一门保障信息安全的综合性尖端技术学科, 并且与我们的日常生活息息相关.

我们几乎每天都会用到密码: 手机解锁、电子邮箱登录、微信支付、支付宝支付、银行卡支付以及指纹和刷脸认证等.

需要说明, 这些 "密码" 并非密码学上真正意义上的密码, 它们只是进行个人手机、电子邮箱或者个人银行账户等登录认证的口令 (password) 和 "通行证"(token), 是一种简单、初级的身份认证手段.

密码学意义的密码更多时候是指这些密码背后的运行机理和信息处理过程, 它们作为一种底层技术, 被封装在各种应用之中, 不为我们感知, 却默默地为我们的信息安全保驾护航.

例如, 我们的手机在使用 4G/5G 通信网络时会使用到 SNOW 3G、AES 和 ZUC 等密码算法; 我们的笔记本电脑、手机等电子设备使用 WIFI 无线网络时会使用到 SHA2 和 AES 等密码算法; 使用蓝牙时会使用 E0 等算法, 等等.

在如今这个高速发展的信息时代, 密码作为保障国家安全与经济发展的中坚力量, 更是深入到国民生活的方方面面, 其在国家政治安全、经济安全、国防安全和信息安全中发挥着不可替代的重要作用. 它是保障网络与信息安全的核心技术和基础支撑, 是解决网络与信息安全问题最有效、最可靠、最经济的手段.

在抗击新冠肺炎疫情期间, 电子商务、互联网医疗、云服务、远程办公对人们的生活方式产生了深远影响, 这其中的每个环节都离不开密码的保障.

密码学的发展经历了手工时代, 机械时代, 到今天的电子信息时代, 密码领域呈现了前所未有的蓬勃发展局面. 数学在密码领域扮演着越来越重要的作用, 为密码学的发展提供着坚实的理论基础.

我们的时代对密码学人才需求巨大, 欢迎年轻的一代投身到密码领域.

致谢

感谢席南华院士认真阅读本文并提出若干修改建议.

参考文献

[1] 刘木兰. 密码并不神秘. 北京: 科学出版社, 2011.

[2] 万哲先, 刘木兰. 谈谈密码. 北京: 人民邮电出版社, 1985.

[3] Shannon C E. Communication theory of secrecy systems. Bell System Technical Journal.

[4] Trappe W, Washington L C. 密码学概论. 北京: 人民邮电出版社, 2004.

[5] 冯登国. 国内外密码学研究现状及发展趋势. 通信学报, 2002, 23(5): 18-26. DOI:10.3321/j.issn:1000-436X.2002.05.005.

[6] Daemen J, Rijmen V. The block cipher rijndael. International Conference on Smart Card Research & Applications, 2000.

[7] Diffie W, Hellman M E. New directions in cryptography. IEEE Transaction, 1976.

[8] Calderbank M. The RSA Cryptosystem: History, Algorithm, Primes. http://www.math.uchicago.edu/ may/VIGRE/VIGRE2007/REUPapers/FINALAPP/Calderbank.pdf (2007).

[9] Rivest R. The MD5 Message-Digest Algorithm. https://dl.acm.org/doi/pdf/10.17487/RFC1321 (1992).

[10] Wang X, Yu H. How to break MD5 and other hash functions. Annual international conference on the theory and applications of cryptographic techniques. Berlin, Heidelberg: Springer, 2005: 19-35.

[11] Goldwasser S, Micali S, Rackoff C. The knowledge complexity of interactive proof systems. SIAM Journal on Computing, 1989, 18(1): 186-208.

8 数学史：为什么，怎么看[①]

安德烈・韦伊

我的第一点将是显而易见的. 某些学科的整个历史就由我们当代的几个人的回忆录组成, 相比之下, 数学不仅有历史, 而且有很长的历史, 至少大约始于欧德莫斯 (Eudemos, 亚里士多德的学生), 数学史就被写成文字. 于是, "为什么" 这个问题可能是多余的, 或者表述成 "为谁" 更合适.

一般的历史书为谁而写? 为受过教育的普通人, 如希罗多德 (Herodotus) 所为? 为政治家和哲学家, 如修昔底德 (Thucydides) 所做? 为自己的史学家同行, 如现在大多数的情况? 艺术史家的合适读者是什么人? 他的同事, 或大众艺术爱好者, 或艺术家 (艺术史家似乎对他们没什么用处)? 音乐史怎么样呢? 它主要关注音乐爱好者, 或作曲家, 或表演艺术家, 或文化史家, 或是完全自立的学科, 仅限于从业者鉴赏? 类似的问题已在显赫的数学史家, 莫里茨・康托尔 (Moritz Cantor), 古斯塔夫・埃内斯特龙 (Gustav Eneströn), 保罗・坦那瑞 (Paul Tannery), 中热烈地争执多年. 像对大多数其他话题一样, 莱布尼茨早已有话要说:

---

① 本文由席南华译, 译自: André Weil, History of mathematics, why and how. In "Proceedings of the International Congress of Mathematicians", Helsinki, 1978, Vol. 1, pp.227-236. 译文原载于《数学译林》2020 年第 2 期, 163-172, 后转载于 2022 年 1 月出版的《数理人文》第 21 期.

“历史学的用处不只是可以给每一个人应得的公道以及其他人可以期盼类似的称赞, 也通过辉煌的事例促进发现的艺术, 昭示其发现的方法. ”①

人应该被永久的声望这一前景驱励至更高的成就当然是一个从古代传承下来的经典主题, 比起先祖我们似乎变得对此不太易受影响, 尽管它或许就没那么发挥威力. 至于莱布尼茨的说法的后面一部分, 其旨意是清楚的. 他想要科学史家首先要为有创造力或将有创造力的科学家而写. 他在写作回顾其“最高贵的发明”微积分时在脑海中就是以那些人为读者.

另一方面, 如莫里茨 • 康托尔注意到那样, 在处理数学史时, 可以把它看作一个辅助性的学科, 意指为真正的历史学家提供根据时间、国家、主题和作者等整理的数学事件的可靠编目. 于是, 数学史是技术和手工艺史的一部分, 且是不太显要的部分, 从而整个地从外部看待它是合理的. 研究 19 世纪的一个史学家需要知道一些关于铁路机车带来的进步的知识, 为此他必须依靠专家, 但他不关心机车如何工作, 也不关心投入到创立热力学的艰苦巨大的才智努力. 类似地, 航海表和其他航海辅助技术的发展对研究 17 世纪英格兰史的专家并非无足轻重, 但牛顿在其中的作用至多给他提供一个脚注; 牛顿作为铸币厂的监管人, 或也许作为一个显赫贵族的情妇的叔叔, 比起牛顿作为数学家, 更接近他的兴趣点.

换个角度看, 数学偶尔可以作为某种“示踪物”提供给文化史家以研究各种文化的互相影响. 随着这个角度, 我们来到更接近我们数学家真正兴趣所在的事情; 不过, 即使这儿, 我们的看法和专业的历史学家有

① *“Utilissimum est cognosci veras inventionum memorabilium origines, praesertim earum, quae non casu, sed vi meditandi innotuere. Id enim non eo tantum prodest, ut Historia literaria suum cuique tribuat et alii ad pares laudes invitent urf sedetiam ut augeatur ars inveniendi, cognita methodo illustribus exemplis. Inter nobiliora hujus temporis inventa habetur novum Analyseos Mathematicae genus, Calculi differentialis nomine notum· · ”* (Math. Sehr., ed. C. I. Gerhardt, t. V, p. 392).

很大的差别. 对他们而言, 一枚在印度某地发现的罗马钱币有显著的意义, 但一个数学理论几乎不会这样.

这并不是说, 一个定理, 甚至在相当不同的文化环境, 不会屡次被重新发现. 某些幂级数展开似乎独立地在印度、日本、欧洲被发现. 佩尔 (Pell) 方程的求解方法在 12 世纪的印度被巴斯卡拉 (Bhaskara) 阐述, 然后, 在 1657 年, 因接受费马的挑战, 再度被瓦利斯 (Wallis) 和布隆克尔 (Brouncker) 阐述. 人们甚至能为这样一种看法提出论据, 类似的方法可能希腊人, 也许阿基米德自己, 已经知道; 例如坦那瑞提议, 印度人的解法可能具有希腊身世; 迄今, 这必定仍然是一个没用的推测. 当然没人会提出在巴斯卡拉和我们 17 世纪的作者之间有联系.

另一方面, 楔形文字记载的二次方程代数求解方法, 披着几何的外袍, 却压根儿没有任何几何动机, 在欧几里得那儿再次现身, 数学家会发现把后一种论述称作 "几何代数" 是合适的, 并倾向于假设它与巴比伦有联系, 即使缺乏任何具体的 "历史" 证据. 没人索要文献以证实希腊文、俄文和梵文的共同起源, 或提出理由反对将它们定为印–欧语言.

现在是时候, 离开那些普通人及其他学科专家的观点和意愿, 回到莱布尼茨 (的观点), 本质地, 也从我们数学家自利的角度考虑数学史的价值. 仅仅略微偏离莱布尼茨, 可以说它对我们的首要的用处是把一流数学工作的 "辉煌的例子" 放置或保持在我们眼前.

但这使得史学家必需么? 或许不. 艾森斯坦因 (Eisenstein) 很小的时候通过阅读欧拉和拉格朗日 (的著作) 爱上数学, 没有史学家告诉他这么做或指导他阅读. 不过比起现在, 在他那个时期数学以不那么忙碌的步伐前进. 诚然, 一个年轻人现在可以在其同代人的工作中寻找榜样和激励, 不过很快就会发现这有严重的局限. 另一方面, 如果想回溯更遥远的过去, 他可能发现自己需要一些指点, 是史学家的职责, 或至少是对历史有感知的数学家的职责, 给予指点.

史学家还能在另一方面起作用. 在想要学习当代工作时, 凭经验我们都知道从个人的相识获益多少; 那些大大小小的会议几乎没有任何其他的目的. 过去的伟大数学家的生活可能多是沉闷不那么激动人心的, 或可能在普通人看来似乎如此; 对我们而言, 他们的传记在生动再现这些大家和他们的环境以及他们的论著这方面的价值不小. 关于阿基米德, 除了已推断的他在叙拉古 (Syracuse) 保卫战中所起的作用外, 哪位数学家不想知道更多呢? 如果我们手头仅有欧拉的论著, 对欧拉的数论 (工作) 的认识会是完全同样的么? 欧拉在俄国定居, 和哥德巴赫信件来往, 偶然了解到费马的工作, 在很久后的晚年开始与拉格朗日通信谈数论和椭圆积分, 我们读这样的故事不是无穷多地更有趣么? 通过他的信件, 这样的伟人就成为我们近在咫尺的相识者, 我们不应为此而愉快么?

然而, 到目前为止, 我仅仅触及了主题的表面. 莱布尼茨劝告研读 "辉煌的例子", 不只是为了美的愉悦享受, 而且主要是为了 "促进发现的艺术". 在这一点上, 就科学的事情而言, 需要清楚区分战术与战略.

所谓战术, 我理解为, 科学家或学者在特定的时段里对手头可用工具的日常运用, 这最好从称职的教师那儿和研读当代工作中学会. 对数学家, 可能包括一会儿用微分学, 一会儿用同调代数. 对数学史家, 战术上和通史学家①有很多的共同之处. 他必须寻找源头上, 或尽实际可能接近源头的资料证据; 第二手的信息价值甚小. 在有些研究领域, 人们必须学会猎取和阅读原稿; 在其他的领域人们可能满足于发表的书面材料, 然而它们的可靠与否这一问题就必须总要放在心上. 一个不可缺少的要求是对原始资料的语言具有适当的学识. 所有历史研究的一个基本和明智的原则是: 在原件可获得的情形下, 翻译永远不能替代原件. 幸好, 除了拉丁和现代西欧语言外, 15 世纪后的西方数学史极少需要其他语言知识; 对很多的目的, 法语、德语, 有时英语甚至可能就足够了.

与战术截然不同, 战略意指识别主要问题的艺术, 从问题的切入点处攻关, 建立未来的推进路线. 数学战略关注长期目标, 需要对大趋势和想法认识的长期演变有深刻的理解. 这几乎无法区分于古斯塔夫 • 埃

① 译注: 原文为 genera-historian, 应是 general historian 之误.

内斯特龙时常描述的数学史的主要目标, 就是, “数学思想, 从历史的角度考虑”①, 或如保罗・坦那瑞说的那样, “思想的源流和一系列相关的发现”②. 那儿有我们正在讨论的学科的精髓, 一个幸运的事实是, 根据埃内斯特龙和坦那瑞, 数学史家首先要注意的方面也是一个对那些要超越日常工作的数学家有最大价值的方面.

诚然, 我们得出的结论没什么实质的内容, 除非我们在什么是和什么不是数学思想上达成一致. 关于这一点, 数学家几乎无意请教外人. 用豪斯曼 (Housman)(在被要求定义诗时) 的话说, 他 (数学家) 可能无法定义什么是数学思想, 但当嗅探某个他知道的思想时, 他觉得会清楚 (它是否为数学思想). 他不大可能看到一个 (数学思想), 比如, 在亚里士多德关于无限的推测中, 也不会在中世纪的许多思想家关于同一主题的推测中, 即使其中有些在数学上比亚里士多德的有趣得多; 无限成为数学思想是在康托尔定义了等势集并证明了一些定理后. 希腊哲学家关于无限的观点本身可能是很有意思的, 但我们真的相信它们对希腊数学家的工作有很大的影响? 我们被告知, 由于它们, 欧几里得不得不避免说存在无限多个素数, 必须以不同的方式表达这个事实. 那又怎么会, 几页之后, 他说道 “存在无限多条线”③ 与给定的线不可共测? 有些大学为 “数学的历史和哲学” 设立了教职, 我难以想出来这两个学科有什么共同点.

不那么清晰的是这个问题, 何处 “普通概念”(用欧几里得的词语) 止步, 何处数学开始. 前 n 个整数之和的公式与 “毕达哥拉斯” 的三角数概念密切相关, 肯定值得称为一个数学思想; 但对初等的商业算术, 自古代的众多的关于这一主题的教科书到欧拉关于这一主题的混饭吃之作, 它都现身, 我们应该说啥? 正二十面体的概念显然属于数学, 对立方体

① *Die mathematischen Ideen in historischer Behandlung* (Bibl. Math. 2 (1901), p.l).

② *La filiation desidées et l'enchaînement des dècouvertes* (P. Tannery, Oeuvres, vol. X, p. 166).

③ $\overset{e}{Y}\pi\overset{e}{\mathring{\alpha}}\varrho\chi o\upsilon\sigma\iota\nu$ εὐθεϊαι πλήθει ἄπειϱοι (Bk. X, Def. 3).

这一概念、矩形、圆 (可能与轮子的发明是分不开的) 也能这样说么？此处有一个介于文化史和数学史之间的模糊地带; 在哪儿划定界限不那么重要. 所有的数学家能说的是, 越近于穿过界限, 他的兴趣往往会摇摆.

然而, 一旦我们同意数学思想是数学史真正的研究对象, 可能会得出一些有用的结论, 其中一个由坦那瑞表述如下 (同一文献, (脚注 4), p.164). 没有任何疑问, 他说, 一个科学家 (如果) 能够拥有或获得在其科学的历史上做出杰出工作所需的全部素质; 他作为科学家的才能越大, 很可能他的历史工作会做得越好. 作为例子, 他提到了沙勒 (Chasles) 于几何, 拉普拉斯 (Laplace) 于天文, 贝特洛 (Berthelot) 于化学; 或许他也想到了其朋友泽腾 (Zeuthen). 他很可能会援引雅可比 (Jacobi), 如果雅可比活着的时候发表了其历史工作. ①

但例子几乎没有必要. 的确, 很明显, 识别模糊或不成熟形式的数学思想, 现身光天化日下之前在许多被认为是恰当的假象下追踪它们的能力, 最有可能是与比平均数学天赋更好的天赋连在一起的. 更有甚者, 它是这种天赋的一个主要成分, 因为发现的艺术, 很大程度上在于牢牢抓住"在空气中"的模糊想法, 有的在我们周围飞, 有些 (援引柏拉图的话) 漂浮旋绕在我们自己的头脑中.

一个人应该掌握多少数学知识才能做数学史？根据一些人的说法, 所需的比计划写的那些作者所知的差不多;② 有些人甚至说, 知道得越

① Jacobi, 做学生时, 曾在古典语言学和数学之间犹豫不决; 他始终对希腊数学和数学史保持深厚的兴趣; 其关于这一主题的著作的若干摘录已由 Koenigsberger 发表于他写的 Jacobi 的传记中 (顺便说一下, 一个以数学为导向的伟大数学家传记的好样板): 见 L. Koenigsberger, *Carl Gustav Jacob Jacobi*, Teubner, 1904. pp. 385-395 和 413-414.

② 这似乎曾是 Loria 的观点: "Per comprendere e giudicare gli scritti appartenenti alle età passate, basta di essere esperto in quelle parti delle scienze che trattano dei numeri e delle figure e che si considerano attualmente come parte della cultura generale dell'uomo civile" (G. Loria, Guida allo Studio della Storia delle Matematiche, U. Hoepli, Milano, 1946, p. 271).

少, 在以开放的心态阅读那些作者和避免时代误植上就准备得更好. 事实上恰恰相反. 没有远超其表面主题的知识, 几乎都不可能做到深刻理解任何特定时期的数学. 更常见的是, 让它有趣的正是那些早期出现的概念和方法注定只是在后来显现在数学家的自觉意识中; 历史学家的任务是分离它们并追踪它们对后续发展的影响或没有影响. 时代误植在于把这种 (显) 意识知识归因于某个从未有过 (这种知识) 的作者; 把阿基米德看作为积分和微分学的先驱, 其对微积分的奠基人的影响几乎不可能被高估, 和想从他身上看见, 正如有时所做的那样, 一个微积分的早期实践者, 这两者之间有巨大的差别. 另一方面, 把笛沙格看作是圆锥曲线的射影几何的创始人不存在时代误植, 但历史学家必须指出他的工作, 和帕斯卡 (Pascal) 的, 不久就陷入最深的被遗忘, 只是在彭赛莱 (Poncelet) 和沙勒独立地重新发现这整个学科后才被拯救出来.

类似地, 考虑以下断言: 对数建立介于 0 和 1 之间的数的乘法半群和正实数的加法半群之间的同构. 这在比较近期之前是没有意义的. 然而, 如果我们把这些词汇搁在一边, 看这个陈述背后的事实, 无疑, 在奈培 (Neper) 发明对数时, 它们被他很好地理解了, 除了他的实数概念不如我们的清楚; 这就是为什么他必须诉诸运动学概念来澄清他的意思, 正如阿基米德出于类似的原因, 在他的螺旋线的定义中所做的那样.[①] 我们进一步回溯; 在欧几里得的《几何原本》第五卷和第七卷中建立的量的比值和整数的比值理论, 由于他称之为“双重比”, 我们称之为比的平方, 被看作是群理论的早期篇章这一事实是毋庸置疑的. 从历史上看, 音乐理论提供了整数比的希腊群理论是有道理的, 与埃及那儿分数的纯加法处理形成鲜明对比; 如果是的话, 那儿我们就有纯数学和应用数学相互影响的一个早期例子. 无论如何, 没有群的概念, 甚至带算子的群的概念, 我们不可能恰当地分析欧几里得 (《几何原本》) 第五卷和第七卷的

① 参见 N. Bourbaki, Eléments d'histoire des mathématiques, Hermann, 1960, pp. 167-168 和 174; 这本历史随笔文集, 在一个相当误导的书名下, 摘自同一作者的 Eléments de mathématique, 此后将引为 NB.

内容, 因为量的比值是被处理为乘法群作用在量自身的加法群上. [①] 一旦采用这个观点, 欧几里得的那些书就失去了神秘的特征, 直接从它们通达欧热斯米 (Oresme) 和丘凯 (Chuquet), 然后到奈培和对数的路线, 就变得容易跟随 (参见 NB, 第 154-159 和 167-168 页). 这样做, 我们当然不是把群概念归功于这些作者中的任何一位; 也不应把它归功于拉格朗日 (Lagrange), 即使他做的是我们称之为伽罗瓦理论的东西. 另一方面, 即使高斯未置一词, 他当然对有限交换群有清晰的概念, 在其研究欧拉的数论之前就准备好了.

让我多援引几个例子. 费马的陈述表明他通过 "无限下降法" 的证明, 对 $n = 1, 2, 3$ 的情形, 掌握了二次型 $X^2 + nY^2$ 的理论. 他没有记录那些证明; 但最终欧拉发展了那个理论, 也使用无限下降法, 所以我们可以认为费马的证明与欧拉的没有太大的差别. 为什么无限下降法在那些情形成功? 知道对应的二次域有欧几里得算法的历史学家很容易解释这一点; 后者, 用费马和欧拉的语言和记号改写, 正好给出他们用无限下降法的证明, 就像赫尔维茨 (Hurwitz) 对四元数算术的证明一样, 类似地改写, 给出欧拉 (可能也是费马) 对表整数为四个平方和的证明.

再用微积分中莱布尼茨的记号 $\int ydx$. 他一再坚持其不变的特征, 先是在他与奇恩豪斯 (Tchirnhaus) 的通信中 (他显得压根儿不懂), 然后在 1686 年的《学术学报》(*Acta Eruditorum*) 中; 他甚至 (专门) 用了一个词 ("普适的"universalitas). 历史学家已经热烈地争议, 什么时候, 或是否, 莱布尼兹发现了相对不那么重要的结果, 在某些教科书里, 变得名为 "微积分的基本定理". 但是在艾力・嘉当 (E. Cartan) 引入外微分形式, 并证明记号 $ydx_1 \cdots dx_m$ 不仅在自变量 (或局部坐标) 的变换下不变, 甚至在拉回下也是不变的, 之前, 莱布尼茨发现的 ydx 符号的不变性几乎

① 欧几里得是否相信量的比值群独立于所研究的量的类别仍是一个争议未决的问题; 参见 O. Becker, Quellen u. Studien 2 (1933), 369-387.

没有得到真正的赏识. ①

现在细看笛卡儿和费马之间关于切线引起的争论 (参见 NB, p.192). 笛卡儿, 断然决定, 只有代数曲线是适合几何学家的课题, 发明了一种求这些曲线的切线的方法, 基于这个思想, 一条可变曲线, 与给定的曲线 C 交于点 P 处, 当它们的交点方程在对应到 P 处有二重根时, 变得在 P 处相切于 C. 不久, 费马用无穷小方法找到摆线的切线后, 挑战笛卡儿用其方法做同样的事情. 当然, 他不能做到; 笛卡儿就是笛卡儿, 他找到了答案 (全集, II, p.308), 给了一个证明 ("相当短, 且相当简单", 用他为这个情形发明的旋转的瞬时中心法), 补充道他可以提供另一个 "更合乎他的口味和更几何的" 证明, 但省略了 "以免去写下来的麻烦"; 好吧, 他说, "这样的线是力学的", 他已经从几何中排除了它们. 当然, 这正是费马试图表达的观点; 他知道, 笛卡儿一样知道, 代数曲线是什么, 但对他的思考方式和 17 世纪大部分的几何学家而言, 把几何限制于这些曲线是怪异的.

得以洞见一个伟大数学家的特点和他的弱点是一种清白的快乐, 甚至严肃的历史学家自己也无需否认. 但从那个事件我们还能得出什么结论呢？微不足道, 只要微分几何与代数几何的区别还没有澄清. 费马的方法属于前者, 依赖于局部幂级数展开的前几项; 它为微分几何和微分学所有以后的发展提供了开端. 另一方面, 笛卡儿的方法属于代数几何, 但限制于它, 在需要适用于相当任意的基域上的方法之前, 是奇怪的. 这样, 在抽象代数几何赋予它完全的意义之前, 争论要点不能被, 也确实没有被恰当地意识到.

还有另一个原因, 为什么数学史这一行, 可以被那些现在或曾经活跃的数学家或至少与活跃的数学家有密切联系的人, 最佳地从事; 各种各样的误解并非不常发生, 我们自己的经验有助于保护我们. 例如, 我们太知道, 一个人不应该总是假设一个数学家完全意识到前人的工作, 即

① 参见 NB, p. 208, and A. Weil, Bull. Amer. Math. Soc. 81 (1975), 683.

使当他把它包括在其参考文献中时; 我们当中谁读过他在自己的作品中列入参考文献的所有的书? 我们知道数学家在他们的工作中很少受到哲学思考的影响, 即使他们声称严肃对待它们; 我们知道他们有自己的方式处理基础问题: 交替于满不在乎的无视和最痛苦的挑剔关注. 最重要的是, 我们已经了解到原创思维与常规推理的差别, 数学家常觉得为了记录他必须写出常规推理以取悦同行, 或者也许只为取悦他自己. 一个冗长费力的证明可能是作者在表达自己时不那么贴切的迹象; 但更常见的是, 如我们所知, 这指明他在种种 (能力的) 局限下劳作, 这些局限阻止他把一些非常简单的想法直接翻译成文字或公式. 这样的例子可以给到数不清, 从希腊几何学 (可能最终被这样的局限所扼制) 到所谓的伊普西龙 (ε) 语言到尼古拉斯 • 布尔巴基, 他甚至有一次考虑在这类证明的边页处用一个特殊的符号警示读者. 严肃的数学史家的一项重要任务, 有时也是最难的之一, 正是要从过去的伟大数学家的工作中真正新的 (部分) 筛出这样的常规 (内容).

当然数学天赋和数学经验不足以成为合格的数学史家. 再次援引坦那瑞 (同一文献 (脚注 4), p.165), "首先需要的是对历史的一种品味; 一个人必须形成一种历史感". 换句话说, 要求一种理智上同情的素质, 拥抱过去的时代, 同样拥抱我们自己的时代. 即使是相当杰出的数学家也可能完全缺乏 (这种素质); 我们中每个人也许都能说出几个坚定拒绝了解自己工作以外的任何工作的人. 也有必要不屈从这样 (对数学家是自然) 的诱惑, 在过去的数学家中专注于最伟大的, 忽略只有次要价值的工作. 即使从审美享受的角度来看, 持这样的态度可能失去很多, 如同每一位艺术爱好者所知; 从历史上看, 它可以是后果极严重的, 因为在缺乏合适的环境下, 天才罕有茁壮成长的, 对后者的一定的了解是恰当理解和欣赏前者的必要的前提. 甚至只要可能, 对数学发展的每个阶段在使用的教科书应仔细检查, 以便发现, 在某个特定的时间, 什么是以及什么不是常识.

记号也有其价值. 即使它们表面上看来不重要, 它们可能为历史学家提供有用的指针; 例如, 当他发现多年来, 甚至现在, 字母 K 都被用来表示域, 并且德语字母表示理想, 他的任务的一部分是解释为什么. 另一方面, 经常出现记号与主要的理论进展分不开的情况. 代数记号缓慢发展是这样的情况, 最终在韦达和笛卡儿手上完成. 莱布尼茨 (也许是有史以来最伟大的符号语言大师) 对微积分的高度个人创造的记号又是这样的情况; 正如我们已经看见, 它们表征莱布尼茨的发现那么成功以致后来的历史学家, 被这些记号的简洁欺骗, 没有注意到其中的一些发现.

于是, 历史学家有他自己的任务, 即使它们与数学家的那些任务重叠, 有时也可能与之一致. 例如, 在 17 世纪发生, 一些最优秀的数学家, 在除了代数以外任何数学领域都缺乏直接的前辈, 有许多工作要做, 在我们看来, 很多会落到历史学家身上, 编辑、出版、重构希腊人, 阿基米德、阿波罗尼奥斯、帕波斯、丢番图的工作. 甚至现在, 不必提及更古老的作品, 在研究 19 世纪和 20 世纪的产出, 历史学家和数学家并非不常见地会发现他们自己在共同的阵地上. 从我自己的经验, 我可以就在高斯和艾森斯坦因中找到的建议的价值作证. 伯努里数的库默同余, 多年被看作仅是好奇后, 在 p 进 L 函数的理论中焕发新生, 费马关于无限下降法用在亏格 1 的丢番图方程研究中的思想已在同样主题的当代研究中证明其价值.

那么, 当都在研究过去的工作的时候, 什么把历史学家区别于数学家? 没有疑问, 部分地, 他们的技术, 或者, 如我提出说成, 他们的战术; 但主要地, 也许, 他们的态度和动机. 历史学家倾向于把他的注意力引向更遥远的过去和更多种类的文化; 在这样的研究中, 数学家可能发现从中除了得到审美满足和间接发现的乐趣之外几乎没有什么益处. 数学家倾向于带着目的阅读, 或者至少希望由此产生富有成效的建议. 这里我们可以引用雅可比在年轻时关于一本刚读过的书的话: “直到现在,” 他说, “每当我学习了一件有价值的工作, 它就激发我原创性的想法; 这次结果很是两手空空”. [①]如狄利克雷所注意的, 我从他那儿借用了这段引语, 讽刺的是, 所说的这本书正是勒让德的《积分练习》, 里面有椭圆积分的工作, 很快就为雅可比最伟大的发现提供了灵感; 但那些话是典型的. 数学家去阅读最主要是为了激发他的原创性 (或者, 我可以补充说, 有时不是那么原创的) 思想; 我认为, 说他的目的比历史学家的是更直接的功利主义没有不公平. 然而, 双方基本的职责都是处理数学思想, 那些过去的, 那些现在的, 如果他们能, 那些未来的. 双方都能在对方的工作中得到无价的训练和启迪. 因此我最初的问题“为什么 (有) 数学史？”最后归结为问题“为什么 (有) 数学？”, 幸运的是我未感到被召唤来回答.

① “Wenn ich sonst ein bedeutendes Werk studiert habe, hat es mich immer zu eignen Gedanken angeregt··· Diesmal bin ich ganz leer ausgegangen und nicht zum geringsten Einfall inspiriert worden”. (Dirichlet, Werke, Bd. II, S. 231).